新农村建设百问系列丛书

肉鸡健康养殖技术100问

程太平　李　鹏　王家乡　编著

中国农业出版社

新农村建设百问系列丛书

让更多的果实“结”在田间地头

（代序）

长江大学校长　谢红星

众所周知，建设社会主义新农村是我国现代化进程中的重大历史任务。新农村建设对高等教育有着广泛且深刻的需求，作为科技创新的生力军、人才培养的摇篮，高校肩负着为社会服务的职责，而促进新农村建设是高校社会职能中一项艰巨而重大的职能。因此，促进新农村建设，高校责无旁贷，长江大学责无旁贷。

事实上，科技服务新农村建设是长江大学的优良传统。一直以来，长江大学都十分注重将科技成果带到田间地头，促进农业和产业的发展，带动农民致富。如黄鳝养殖关键技术的研究与推广、魔芋软腐病的防治，等等；同时，长江大学也在服务新农村建设中，发现和了解到农村、农民最真实的需求，进而找到研究项目和研究课题，更有针对性地开展研究。学校曾被科技部授予全国科技扶贫先进集体，被湖北省人民政府授予农业产业化先进单位，被评为湖北省高校为地方经济建设服务先进单位。

2012 年，为进一步推进高校服务新农村建设，教育部和科技部启动了高等学校新农村发展研究院建设计划，旨在通过开展新农村发展研究院建设，大力推进校地、校所、校企、校农间的深度合作，探索建立以高校为依托、农科教相结合的综合服务模式，切实提高高等学校服务区域新农村建设的能力和水平。

2013 年，长江大学经湖北省教育厅批准成立新农村发展研究院。两年多来，新农村发展研究院坚定不移地以服务新农村建设为己任，围绕重点任务，发挥综合优势，突出农科特色，坚持开展农业科技推广、宏观战略研究和社会建设三个方面的服务，探索建立了以大学为依托、农科教相结合的新型综合服务模式。

两年间，新农村发展研究院积极参与华中农业高新技术产业开发区建设，在太湖管理区征购土地 1 907 亩，规划建设长江大学农业科技创新园；启动了 49 个服务“三农”项目，建立了 17 个多形式的新农村建设服务基地，教会农业土专家 63 人，培养研究生 32 人，服务学生实习 1 200人次；在农业技术培训上，依托农学院农业部创新人才培训基地，开办了 6 期培训班，共培训 1 500 人，农业技术专家实地指导 120 人次；开展新农村建设宏观战略研究 5 项，组织教师参加湖北电视台垄上频道、荆州电视台江汉风开展科技讲座 6 次；提供政策与法律咨询 500 人次，组织社会工作专业的师生开展丰富多彩的小组活动 10 次，关注、帮扶太湖留守儿童 200 人；组织医学院专家开展义务医疗服务 30 人次；组织大型科技文化行活动，100 名师生在太湖桃花村举办了“太湖美”文艺演出并开展了集中科技咨询服务活动。尤其是在这些服务活动中，师生都是

“自带干粮，上门服务”，赢得一致好评。

此次编撰的新农村建设百问系列丛书，是16个站点负责人和项目负责人在服务新农村实践中收集到的相关问题，并对这些问题给予的回答。这套丛书融知识性、资料性、实用性为一体，应该说是长江大学助力新农村建设的又一作为、又一成果。

我们深知，在社会主义新农村建设的伟大实践中，有许多重大的理论、政策问题需要研究，既有宏观问题，又有微观问题；既有经济问题，又有政治、文化、社会等问题。作为一所综合性大学，长江大学理应发挥其优势，在新农村建设的伟大实践中，努力打下属于自己的鲜明烙印，凸显长江大学的影响力和贡献力，通过我们的努力，让更多的果实“结”在田间地头。

2015年5月16日

前言

肉鸡具有生长快速、市场需求量大、饲养管理容易、投资收益周期短等特点。近30年，我国肉鸡产业得到持续快速的发展。肉鸡生产所涉及的饲料工业、优良品种、规模化饲养技术和设施、屠宰加工生产线、兽药及家禽保健服务等日趋成熟，很多地区的肉鸡产业链基本形成。

依据我国国情，肉鸡养殖的基本方针是以专业化、合作化、规模化、标准化为方向，采用先进合理的养殖工艺、设施设备和环境控制技术，建立科学而规范的现代化管理体系，以居民消费需求为导向，以经济实力雄厚的公司或企业为龙头，以数量庞大的养鸡专业户为基础，形成企业化的饲料和鸡苗供给、家禽保健服务、肉鸡回收和加工、产品销售为一体的合作经营新模式，保障肉鸡健康生长，为我国居民提供卫生、安全、优质的肉鸡产品。

目前，我国肉鸡养殖生产中还存在很多问题：肉鸡市场波动，肉鸡产品药物残留超标，违禁饲料添加剂和兽药滥用，肉鸡养殖对周围环境造成污染，危害较大的疫病频发，养鸡设施和设备陈旧，一些从业人员的养鸡技能和职业素质不高，政府部门对肉鸡业的支持和监督不力等。

肉鸡养殖生产中，养鸡专业户面临的最大风险应该是肉鸡疫病风险。肉鸡发病，会给养殖户带来不同程度的经济损失，有时可能很大。因此，养殖户要高度重视肉鸡疾病防治工作，要清楚与肉鸡疾病防治密切相关的理念、科学知识、技术及饲养管理环节。养鸡专业户面临的风险还有市场风险，与大公司合作并签订合同，可以避免较大的经济损失。养鸡专业户还要降低饲养成本，提高收益，而降低成本，需要高超的养鸡技能。

如何确定本场的经营方式？如何建设鸡场？如何经营管理鸡场？如何配制肉鸡饲料？如何孵化种蛋？如何管理肉用种鸡及肉用仔鸡？如何进行肉鸡生产中常见疾病的防控？针对养鸡专业户经常面临的这些问题，本书拟定了100个肉鸡生产中的常见问题，并针对性地作出适当解答，以供参考。

由于专业水平和编写时间有限，书中不足之处在所难免，希望各位专家和同行谅解及多提宝贵意见，也希望养鸡专业户在养鸡生产实践中进行检验、修正和补充。

编　者

2015年4月

目录

一、肉鸡生产概述

1. 当前我国肉鸡生产有哪些特点？

随着科学技术发展、经济水平提高、人们食物结构变化，肉鸡生产业发生了显著变化。目前，我国肉鸡生产具有下述特点：

（1）国内肉鸡生产方式多样化　主要有集团集约化生产方式、联营合同制生产方式（也就是“公司＋养殖户”模式）、“公司＋家庭农场”模式、“公司＋基地＋农户”模式、养鸡专业合作社生产方式、养鸡专业户独立生产方式等。

①集团集约化生产方式：是建立一个集团公司，含有多个分公司或部门，覆盖饲料生产和销售、种鸡饲养和孵化、商品鸡饲养和销售、商品鸡屠宰加工和销售等多个肉鸡生产环节。这样的集团公司要具备比较雄厚的经济实力，高水平的经营管理、生产管理及人力资源管理。商品鸡饲养这个环节，由于规模大，生产设备投资大，饲养管理难大，会极大地制约集团公司的发展。很多养鸡集团公司不愿承担商品鸡饲养和销售这个生产环节，或者只承担一定份额的商品鸡饲养和销售。

②联营合同制生产方式：具备一定经济实力的公司或企业，如种鸡公司、饲料公司、商品鸡屠宰加工企业，在某一个地区，与若干个养鸡专业户签订供应饲料和鸡苗及收购商品鸡的合同，并提供技术服务。养鸡专业户专注于饲养管理好肉鸡，给公司提供合格的商品鸡，承担饲养管理的风险。公司专注于为专业户提供合格的饲料和鸡苗及技术服务，回收合格的商品鸡，承担产品价格波动的风险。“公司＋养殖户”养殖模式不利于质量管理、生产与环境控制。多年的实践表明，这种模式地方质检部门难以

对所有养殖户实行统一质量管理和品质监控，养殖户的养殖技术水平和管理素质参差不齐，也不能严格按照肉鸡标准化养殖规范进行饲养管理，生产的商品肉鸡存在一定的质量问题。

市场上人们对肉鸡品质及食品安全的要求越来越高，以及劳动力和土地成本的大涨，逼着广东温氏食品集团有限公司创新了“公司＋家庭农场”模式，实现了收入增加和肉鸡品牌的保障。自 2010 年 10 月，温氏集团投入“倍增计划”专项资金，推进“公司＋家庭农场”模式，建设 1 400 多户标准家庭农场，建造标准化鸡舍，采用自动喂料、自动清粪、恒温系统等，家庭农场严格按照集团公司制定的肉鸡标准化养殖规范进行饲养管理。这种模式实际运行后，确保了温氏肉鸡的高品质及食品安全，实现了公司和家庭农场双方的经济收益和产品品牌双提升。

山东诸城主要生产供外贸出口的肉鸡产品，严格按照欧盟肉鸡产品质量标准生产。如果达不到欧盟肉鸡产品质量标准，就会退货。为了满足欧盟肉鸡产品质量标准，为了保证肉鸡产品质量，山东诸城地区采用了“公司＋基地＋养殖户”模式，公司主导牵头，基地示范生产，养殖户接受公司指导和监督及按规范饲养肉鸡，公司与养殖户签订合作协议，公司统一供应鸡苗、饲料和药品，公司提供生产技术和疫病检测服务，公司按照协议回购商品肉鸡，还必须同时受农业部门和地方质检部门双重监督管理。这种养殖模式基本可以保障肉鸡产品质量达到欧盟肉鸡产品质量标准。

③养鸡专业合作社生产方式：由若干个社员组成一个养鸡专业合作社。养鸡专业合作社负责组织采购、供应本社员所需的生产资料，组织收购、销售社员生产的商品鸡，开展技术培训、技术交流和咨询服务，开展社员所需的法律、保险、担保等服务及文化、福利等其他服务。每个社员专注于管理好自己家饲养肉鸡，承担饲料、鸡苗、商品鸡的市场价格波动风险。

④养鸡专业户独立生产方式：养鸡专业户独自地进行饲料、

鸡苗、药品、养鸡设备等采购，负责肉鸡生产管理及销售，承担饲料、鸡苗、商品鸡的市场价格波动风险。

上述四种生产方式都有各自特点，要依据实际情况来选择。联营合同制生产方式和养鸡专业合作社生产方式，比较适合我国大部分地区肉鸡养殖业，抗击市场风险能力比较强。

（2）肉鸡品种多样化　现在国内饲养的肉鸡品种主要有：

①快大型白羽肉鸡。艾维茵肉鸡、爱拔益加肉鸡、科宝500白羽肉鸡、罗斯308肉鸡。

②快大型黄羽肉鸡。有矮脚黄鸡、安卡红和狄高肉鸡等。矮脚黄鸡是由法国培育的高产黄羽肉鸡；安卡红肉鸡是由以色列PUB公司培育的快大型黄羽肉鸡配套系；狄高肉鸡是由澳大利亚英汉集团家禽发展有限公司培育的快大型黄羽肉鸡配套系。

③中国地方品种。我国地方品种大部分为黄羽肉鸡。按照体型大小可分为三类：大型、中型和小型。大型肉鸡包括浦东鸡、溧阳鸡、鹿苑鸡、桃源鸡、萧山鸡、狼山鸡、武定鸡、峨嵋黑鸡和大骨鸡等；中型肉鸡包括固始鸡、霞烟鸡、崇仁麻鸡、洪山鸡、阳山鸡、杏花鸡、茶花鸡、边鸡、彭县黄鸡等；小型肉鸡包括清远麻鸡、文昌鸡、北京油鸡、三黄胡须鸡、宁都黄鸡、广西三黄鸡、怀乡鸡、林甸鸡、静原鸡、丝毛乌骨鸡等。

④国内的培育品种。以国内优质地方品种与适合的国外引进品种进行杂交而选育，按其生产性能和体型大小，可分为：优质型“仿土”肉鸡，如江村黄鸡JH1号配套系、粤禽皇3号鸡配套系等；中快型杂交肉鸡，如新浦东鸡、江村黄鸡JH3号配套系、岭南黄鸡Ⅰ号配套系、粤禽皇2号鸡配套系、康达尔黄鸡128配套系等；快速型杂交肉鸡，如江村黄鸡JH2号配套系、岭南黄鸡Ⅱ号配套系、京星黄鸡102配套系等；矮小节粮型杂交肉鸡，如京星黄鸡100配套系等；中快型杂交鸡，如丝毛乌骨鸡。

（3）生产的肉鸡要满足我国居民不断提升的口味需要及健康理念　目前，市场上供应的特优地方品种和优质型“仿土”肉鸡远远不能满足我国居民的需求量。肉鸡中抗生素和其他药物残留也是我国居民在消费肉鸡时最关心的问题。肉鸡产业中所有的公司和养殖专业户必须以市场需求为导向，必须以质量求发展。违背市场需求、产品品质不能达标的公司和养殖专业户都会被淘汰。

（4）肉鸡生产各环节专业化程度不断提高　肉鸡场和种鸡场饲养设备不断优化，饲养环境不断改善，能满足肉鸡舒适和健康生长的需要，可显著降低发病率，提高育成率，减少饲养成本，增加经济效益。孵化设备和环境的优化，可以提高孵化率及健雏率，增加经济效益。饲料生产系统和设备的优化，可以提高产品质量，增加经济效益。商品鸡屠宰加工厂的设备和环境不断优化，可以提高产品质量。

（5）肉鸡生产各环节环保要求不断强化　饲料生产厂、商品鸡屠宰加工厂、种鸡饲养场及孵化场、商品鸡饲养场在建设中要充分满足环保要求，在建成后运行过程中，必须按照环保要求对废弃物、排放物、家禽排泄物进行完善处理，不对周围环境带来不良影响。

（6）市场风险及传染病威胁　市场需求品种及需求量总是在变化中，生产中各公司和养殖专业户饲养的品种和数量也是在变化中。

在很多地区，仍然存在一些烈性家禽传染病及一些常发传染病。这些病原体的侵袭，时刻威胁肉鸡的健康生长。

市场风险及传染病威胁仍然是肉鸡产业中所有的公司和养殖专业户面临的重大问题。必须时刻关注肉鸡市场需求品种及需求量的变化，时刻关注生产中肉鸡饲养的品种和数量的变化。必须树立疫病防控观念，建立明晰的、可行的、切合实际的疫病防控细则和制度，并落到实处。

2. 肉鸡生产体系由哪几部分组成？

现代肉鸡生产体系主要由肉鸡饲料生产厂、肉种鸡育种场、肉种鸡饲养场及孵化场、商品肉鸡饲养场、商品肉鸡屠宰加工及贮藏等构成。

肉鸡饲料生产厂，为肉种鸡及商品肉鸡的饲养提供合格的、各种规格的饲料。

肉种鸡育种场，主要任务是培育及生产各种配套系的种鸡、标准的国内地方品质种鸡。

肉种鸡饲养场及孵化场，饲养好某个品种的种鸡，为商品肉鸡场提供合格的鸡苗。

商品肉鸡饲养场，饲养好某个品种的鸡苗，为集贸市场及商品肉鸡屠宰加工厂提供合格的活鸡。

商品肉鸡屠宰加工及贮藏，按卫生的和行业的规范对商品鸡进行屠宰处理，并进行冷藏，为市场提供各类合格的肉鸡产品。

3. 有哪些优良肉鸡品种？

现在国内饲养的肉鸡品种主要有：

（1）快大型白羽肉鸡

艾维茵肉鸡，是美国艾维茵国际有限公司培育的三系配套白羽肉鸡品种。我国从 1987 年开始引进。艾维茵肉鸡为显性白羽肉鸡，体型饱满，胸宽、腿短、黄皮肤，具有增重快、成活率高、饲料报酬高的特点。商品鸡 42 日龄公、母鸡平均体重 2 180 克，料肉比 1.84∶1；49 日龄公、母鸡平均体重 2 680 克，料肉比 1.98∶1。

爱拔益加肉鸡，简称 AA 肉鸡，由美国爱拔益加家禽育种公司育成，四系配套杂交，白羽。特点是体型大，生长发育快，耗料少，饲料转化率高，适应性好。公、母鸡42日龄平均体重1.86千克，料肉比1∶2.14。

科宝500白羽肉鸡，体型大，胸深背阔，鸡头大小适中，单冠直立，冠髯鲜红，虹彩橙黄，脚高而粗。商品代生长快，45日龄，平均体重达2 000克以上，料肉比为1∶1.9。屠宰率高，胸腿肌率34.5%以上，均匀度好，肌肉丰满。

罗斯308肉鸡，以其生长快、饲料报酬高、产肉量高，可以满足生产多用途肉鸡系列产品的生产者之需。商品肉鸡42天体重可达2.48千克，料肉比1∶1.7；49天可达3千克，料肉比1∶1.85。我国从国外引进罗斯308隐性白种鸡，主要用于与国内某些鸡种进行配套，以三元杂交为主的方式生产优质黄羽肉鸡，这种杂交鸡以广东省的“白云288”为代表，先后出现了“新兴黄”“康达尔”“江村黄”和“岭南黄”等系列化的配套系鸡种，并很快达到了规模化生产水平。这种组配方式克服了国内地方鸡种产蛋少、生长慢的缺点，保留了黄羽、黄腿和黄皮肤的特征，其父母代的产蛋量得到明显提高，其商品代的生长期也显著缩短。

（2）快大型黄羽肉鸡

安卡红肉鸡，6周龄体重达2 001克，料肉比1.75∶1；7周龄体重达2 405克，料肉比1.94∶1；8周龄体重达2 875克，料肉比2.15∶1。与国内的地方鸡种杂交有很好的配合力。国内目前多数的速生型黄羽肉鸡都含有安卡红血液。国内部分地区使用安卡红公鸡与商品蛋鸡或地方鸡种杂交，生产三黄鸡。安卡红肉鸡适宜于全国各地饲养，集约化养鸡场、规模鸡场、专业户均可饲养。

狄高肉鸡，TM70商品代肉鸡6周龄平均体重1.88千克，料肉比1.87∶1；7周龄母鸡活重2.122千克，公鸡2.489千克，平均2.310千克；TR83商品代肉鸡6周龄平均体重1.840千克，料肉比为1.91∶1；7周龄母鸡活重2.040千克，公鸡

2.402 千克，平均 2.212 千克。

（3）中国优良地方品种

桃源鸡，有“三阳黄”之称。体型高大，体躯稍长，呈长方形。公鸡姿态雄伟，性勇猛好斗，头颈高昂，尾羽上翘，侧视鸡体呈 U 形。体羽金黄色或红色，主翼羽和尾羽呈黑色，颈羽金黄、黑色相间。母鸡体稍高，性温驯，活泼好动，呈方圆形。母鸡可分黄羽型和麻羽型。早期生长速度较慢。成年公鸡体重为 3.5～4 千克，母鸡 2.5～3 千克。商品代肉鸡 91 日龄平均体重，公鸡 1.094 千克，母鸡 0.862 千克。120 日龄公、母鸡平均体重为 1 千克左右。

鹿苑鸡，体型高大、头昂尾翘，胸部较深，背部平直。喙呈黄色，有的基部呈黑褐色。单冠，冠、肉髯、耳叶呈红色。虹彩呈橘黄色。胫、皮肤呈黄色。商品代肉鸡 90 日龄平均体重，公鸡 1.475 千克，母鸡 1.201 千克。成年公鸡 3.12 千克，成年母鸡 2.37 千克。

峨嵋黑鸡，体型较大，体态浑圆，全身羽毛黑羽，具有金属光泽。大多数为红单冠或豆冠，喙黑色，胫、趾黑色，皮肤白色，也有乌皮个体。公鸡体型较大，梳羽丰厚，胸部突出，背部平直，头昂尾翘，姿态矫健。商品代肉鸡 90 日龄平均体重，公鸡 0.973 千克，母鸡 0.816 千克。成年公鸡 3.03 千克，成年母鸡 2.20 千克。

清远麻鸡，母鸡似楔形，头细、脚细、羽麻。单冠直立，脚黄，羽色有麻黄、麻棕、麻褐。商品代肉鸡 120 日龄平均体重，公鸡 1.25 千克，母鸡 1.00 千克。在良好饲养管理时，84 日龄平均体重可以达到 915 克。成年公鸡 2.18 千克，成年母鸡 1.75 千克。

霞烟鸡，体躯短圆，腹部丰满，胸宽、胸深与骨盆宽三者相近，外形呈方形。耐粗饲，生长速度快，抗病力强，个体大，肉质香甜、嫩滑、味美、皮脆。霞烟鸡具有肉质肥嫩，骨细而软，味道香甜的特点。它的最大优点是粗食快长，不用专门育肥。商品代肉鸡 90 日龄平均体重，公鸡 0.922 千克，母鸡 0.776 千克。150 日龄平均体重，公鸡 1.596 千克，母鸡 1.293 千克。成年公鸡 2.18 千克，成年母鸡 1.92 千克。

河田鸡，河田鸡体宽深，近似方形，单冠带分叉（枝冠），羽毛黄羽、黄胫，耳叶椭圆形，红色。商品代肉鸡 90 日龄平均体重，公鸡 0.589 千克，母鸡 0.488 千克。150 日龄平均体重，公鸡 1.295 千克，母鸡 1.094 千克。成年公鸡 1.725 千克，成年母鸡 1.208 千克。

丝毛乌骨鸡，头小、颈短、脚矮、体小轻盈，它具有“十全”特征，即桑葚冠、缨头（凤头）、绿耳（蓝耳）、胡髯、丝羽、五爪、毛脚（胫羽、白羽）、乌皮、乌肉、乌骨。除了白羽丝羽乌鸡，还培育出了黑羽丝羽乌鸡。依据福建报道资料，150 日龄平均体重，公鸡 1.46 千克，母鸡 1.37 千克。成年公鸡 1.81 千克，成年母鸡 1.66 千克。

（4）国内的培育品种

粤禽皇 3 号鸡配套系，商品代肉鸡公鸡 15 周龄平均体重为 1 847.50克，料肉比为 3.99∶1；母鸡 15 周龄平均体重为 1 723.50克，料肉比为 4.32∶1。

新浦东鸡，70 日龄平均体重，公鸡 2.172 千克，母鸡 1.704 千克。成年公鸡 4.00 千克，成年母鸡 3.26 千克。

岭南黄鸡Ⅰ号配套系，商品代肉鸡 56 日龄平均体重，公鸡 1.40 千克。70 日龄平均体重，母鸡 1.50 千克。成年公鸡 3.20 千克，成年母鸡 1.45 千克。

京星黄鸡 100 配套系，由 3 系（中华矮脚黄羽肉鸡 D2 系、D3 系和 D4 系）杂交而成，商品代为矮小型，80 日龄母鸡平均体重 1 600 克。

江村黄鸡 JH1 号配套系，JH-1 号（土鸡型）品系，商品鸡 70 日龄公鸡平均体重 1 050 克，料肉比 2.4∶1；80 日龄母鸡平均体重 1 100 克、料肉比 2.7∶1，100 日龄平均体重 1 400 克、料肉比 3.1∶1。JH-1B 号（特优质型）品系，商品鸡 84 日龄公鸡平均体重 1 000 克，料肉比 2.4∶1；120 日龄母鸡平均体重 1 100克，料肉比 3.4∶1。

江村黄鸡 JH2 号配套系，商品鸡 56 日龄公鸡平均体重1 550 克，料肉比 2.1∶1；63 日龄平均体重 1 850 克，料肉比 2.2∶1；70 日龄母鸡平均体重 1 550 克，料肉比 2.5∶1；90 日龄平均体重 2 050 克，料肉比 2.8∶1。

江村黄鸡 JH3 号配套系，商品鸡 56 日龄公鸡平均体重1 350 克，料肉比 2.2∶1；63 日龄平均体重 1 600 克，料肉比 2.3∶1；70 日龄母鸡平均体重 1 350 克，料肉比 2.5∶1；90 日龄平均体重 1 850 克，料肉比 3.0∶1。

康达尔黄鸡 128 配套系，包括康达尔 128A、康达尔 128F 两个品系。属中速优质肉鸡，羽毛黄色和黄麻，体呈长方形，胸肉丰满，具有肉质优良、成活率高的特点。商品肉鸡，8 周龄，公鸡平均体重，康达尔 128F 为 1 636 克，康达尔 128A 为 1 488 克，料肉比康达尔 128F 为 2.11∶1、康达尔 128A 为 2.20∶1。12 周龄，母鸡平均体重，康达尔 128F 为 1 944 克、康达尔 128A 为 1 849克，料肉比康达尔128F为3.09∶1、康达尔 128A 为3.16∶1。

4. 如何推进我国肉鸡产业的稳步发展？

目前，我国肉鸡产业发展要达到高品质、高数量、高效益、低污染，仍然面临很多问题，这些问题迫切需要探索和解决。涉及的主要方面有：

（1）适宜的肉鸡养殖模式　从以往很多地区实行的几种肉鸡养殖模式，如“公司＋养殖户”模式、“公司＋家庭农场”模式、“公司＋基地＋农户”模式、养鸡专业合作社生产方式，比较来看，后三种方式适合我国广大地区推行肉鸡标准化规模养殖。

（2）多方面促进标准化规模化肉鸡养殖　要实行标准化规模化肉鸡养殖，必须建立肉鸡饲养管理规范、种肉鸡饲养管理规范、肉鸡饲料生产规范和标准化鸡舍建设规范。要依据科学研究成果，制定各种规范和标准，并要严格按照相应规范和标准进行生产管理和鸡舍建设。地方主管部门要进行常规化监督管理。

（3）加快优良品种的培育与产业化及研发优质黄羽肉鸡高端加工产品　我国白羽肉鸡和黄羽肉鸡（包括麻鸡、黑羽鸡、丝毛鸡等）各占半壁江山的状况可能将会长期存在。快长型黄羽肉鸡净肉率比较低，皮肤毛孔较粗，不美观，预计未来饲养量将会逐步减少。中速型黄羽肉鸡饲养量保持基本稳定，优质型黄羽肉鸡饲养量将会逐渐增长。

优质型黄羽肉鸡要保持特有品味，可能要在遗传育种的配套杂交方面、饲料配方配制方面及饲养管理上做细致而全面的研究。我国有很多优良的地方肉鸡品种，为优质型黄羽肉鸡的配套杂交提供种质资源。提高优质型黄羽肉鸡产量，必须进行产业化标准化规模化生产。研究优质型黄羽肉鸡适宜上市期，控制好饲养成本。增加优质型黄羽肉鸡的养殖综合经济效益，必须研发满足居民需要的优质高端加工产品。也应该投入科研力量及资金，加快培育适合我国饲养环境和饮食口味的白羽肉鸡品种。

（4）健全生物安全体系　巴西和我国差不多，一年饲养祖代白羽肉鸡120万套，但其产肉量要比我国高，一个重要原因是巴西的生物安全体系建设得十分完善，在国家、地区和公司每个层面都建立生物安全系统。我国从20世纪80年代开始饲养白羽肉鸡，到现在出现了“要养鸡就得用药，用药就可能会出现药鸡”的怪圈，根本原因是我们的养殖大环境不够好，生物安全体系建立不到位。我国必须从全国角度来注重生物安全体系的建设，在国家、地区和公司每个层面都建立生物安全系统。只有这样，变被动治病为主动防病，才能解决禽病多发及药物滥用和残留的隐患。

2012年5月，国务院颁布《国家中长期动物疫病防治规划（2012—2020年）》，要求有计划地控制、净化和消灭严重危害畜牧业生产和人民群众健康安全的动物疫病，其中一大策略是畜禽健康促进策略，主要指健全种用动物健康标准，实施种畜禽场疫病净化计划，对重点疫病设定净化时限。如果没有生物安全措施，那净化基本上是实现不了的。

生物安全系统也包括净化种源性疾病。禽白血病、鸡白痢等种源性疾病可通过种蛋垂直传播给下一代。要想摆脱种源性疾病的困扰，就要淘汰具有种源性疾病的个体，以保证整个肉鸡生产的安全。疾病净化问题是我国开展肉鸡育种工作面临的一个重要问题。

（5）加强肉鸡养殖行业监管　不少兽药没有生产许可证，市场准入标准低，产品质量不合格。一些经销商游走于千家万户的养殖户中推销兽药及一些不合格兽药，鼓吹药物的作用，忽悠养殖户上当。有些抗生素是作为饲料添加剂的方式添加的，要特别加强对饲料生产厂饲料药物添加的监管。行业主管部门严格执法，关停并转一批不合格的饲料生产厂、兽药生产企业和种禽场。行业主管部门也要对养殖户的饲养管理、疫情发生及产品质量进行监管。只要监管到位了，不合格产品就没有藏身之处。

（6）加大对标准化肉鸡养殖的扶持力度　养殖标准化是今后发展方向，但标准化养殖投资很大，土地资源紧张。饲养1只商品鸡，标准化基础建设投资约需40元，饲养1套父母代种鸡约需投资80元，如果是笼养方式，至少需要130元。不但多数养殖户投不起，很多养殖公司也投不起。政府在政策和资金方面必须给予适当支持。

（7）探索抗生素替代技术　欧盟委员会决定，自2006年1月起在动物养殖业中禁用抗生素生长促进剂。欧盟的抗生素禁令不仅对欧盟内部国家适用，而且所有饲料、饲料添加剂和动物产品出口到欧盟国家的企业都必须遵守抗生素禁令。日本对从中国进口的动物产品的抗生素检测和相关规定非常严格，迫使我国动物产品出口企业逐步将饲料中的抗生素剔除。

目前国际公认的促进动物生长的绿色饲料添加剂主要有微生态制剂、中草药、酶制剂、化学益生素（寡糖类）等。微生态制剂是可以直接饲喂的有益活体微生物制剂，维持肠道内微生态平衡，具有防病、增强机体免疫力、促进生长等多种功能，无污染、无残留，可作为抗生素的替代品应用于饲料中。

二、肉鸡场的建设及经营管理

5. 肉鸡场和种鸡场选址有哪些基本原则?

肉鸡场选址的基本原则有:

(1) 选址适宜在远郊，距离城区30～80千米为宜。

(2) 应选在地势较高、干燥、平坦、排水良好、背风向阳的地带。

(3) 应建在水源和电源充足、交通便利的地方。

(4) 要远离畜牧场、屠宰场、兽医站、污染物排放严重的化工厂等。

(5) 要远离居民区及农村的卫生院、疗养院、福利院、学校等。

(6) 离铁路和公路主干道1 000米，离次级公路400米。

(7) 远离泥石流、山洪多发地区。

6. 如何布局肉鸡场和种鸡场的建筑物?

一个比较大的正规肉鸡场，一般建筑物有：行政管理用房，包括办公室、接待室、会议室、财务室、值班室、配电室、车库等；职工生活用房，包括宿舍、食堂、浴室、活动室等；生产性建筑物，包括鸡舍、饲料仓库、药品室、兽医室、消毒更衣室、粪污处理设施等。

行政管理用房和职工生活用房为场前区，可以放在一个大的区间内；生产性建筑物要放在另一个大的区间内。按照主导风向及地形坡向的走向，最前面的是职工生活区，其次是行政管理区，其后是生产区，最后是粪污处理区。

7. 有哪些类型的肉鸡舍？

现在比较多见的肉鸡舍有：

（1）开放式鸡舍　也称为有窗鸡舍，南北侧壁有窗或卷帘。以塑料编织布或双层玻璃钢通风窗，通过卷帘机或开窗机控制启闭开度通风换气。通过长出檐的亭檐效应和地窗扫地风及上、下通风带组织对流，增强通风效果，达到夏季鸡舍降温的目的。通过南向的薄侧壁墙接收太阳辐射热能的效应和内、外两层卷帘或双层窗，达到冬季增温和保温效果。有两种构造类型，即砌筑型和装配型。砌筑型开放鸡舍，有轻钢结构大型波状瓦屋面，钢混结构平瓦屋面，砖拱薄壳屋面，混凝土结构梁、板柱、多孔板屋面。装配型鸡舍复合板块也有多种：表面层有金属镀锌板、金属彩色板、铝合金板、玻璃钢板等；内芯层（保温层）有聚氨酯、聚苯乙烯等高分子发泡塑料，以及岩棉、矿渣棉、矿石纤维材料等。优点是造价比较低，结构简单，适用于一般肉鸡场和养鸡专业户使用。

（2）封闭式鸡舍　也称无窗鸡舍。舍内环境完全靠各种设施调节。其优点是不受自然条件的影响，为肉鸡提供适宜的生长环境，一年四季都可以饲养，显著提高了鸡舍利用率、肉鸡育成率和产品质量。缺点是投资大，对电的依赖性大，用电量大，运行费用高，饲养技术要求严格，适于规模比较大的肉鸡生产。

（3）开放可封闭式鸡舍（或称开放封闭兼备型鸡舍）　这种鸡舍在南北两侧墙壁上开设有一定数目的双层玻璃窗。关闭玻璃窗，成为封闭式鸡舍。打开玻璃窗，成为开放式鸡舍。在气候温和的季节，开启玻璃窗，依靠自然通风换气。在严寒、酷暑季节及大风天气，关闭南北两侧玻璃窗，开启一侧的暖风炉或山墙上的湿帘或进风口，开动另一侧山墙上的排风机进行纵向通风换气。内蒙古新优佳联合总公司研究开发出一种新型复合聚苯板保温板材，隔热保温性能极好，导热系数为0.035，是砖墙的1/15,能有效阻隔夏季阳光的热辐射，也能阻隔冬季舍内热量的散失。肉鸡舍采用轻钢龙骨拱架顶棚式结构，选用复合聚苯板保温板材作为屋面与侧墙的材料，窗为双面夹层保温复合材料上悬式窗。这种鸡舍与砖混结构鸡舍比较，保温效果更强，更节省能源，造价更低。这种鸡舍比开放型鸡舍更适宜肉鸡生长；比封闭形鸡舍的运行费用更低。

从鸡舍利用效率、鸡舍环境适宜度、鸡舍运行成本等方面比较，有窗可封闭式鸡舍更好于前面两种。

（4）联栋鸡舍　几栋封闭式鸡舍并排联建在一起，相邻鸡舍仅以一墙间隔，屋顶采光，纵向负压通风，夏季湿帘通风降温，冬季暖风炉或暖气增温。这类鸡舍饲养量大，占地少，建设成本比单栋鸡舍要低。

8. 有哪些类型的种鸡舍？

目前，我国建成的种鸡舍主要为封闭式鸡舍，有少部分为开放可封闭式鸡舍。这两种鸡舍更适合种鸡生长和饲养管理，更有利于提高生产效益。

9. 有哪些常用的养鸡设备？

常用养鸡设备有：

（1）消毒设备　鸡舍门口要设淋浴更衣设施、喷雾消毒设施、消毒池、洗手消毒盆，还应备有在鸡舍内用的工作服、工作帽、胶鞋。

（2）加温保温设备　暖风炉、暖气设备、电热保温伞、红外灯泡等。

（3）饮水设备　有水槽、圆形或钟形饮水器、吊盘式自动饮水器、乳头式饮水器等。

（4）喂料设备　可分为普通喂料设备和机械自动喂料设备两大类。机械喂料设备投资大，管理、维修困难。普通喂料设备投资少、便于清洗消毒与维护等优点。普通喂料设备主要有条形食槽、圆桶形料桶及开食盘。

（5）鸡舍通风降温设备

①风机和风扇。风机安装在鸡舍墙壁。风机的通风降温效果与使用的风机型号、安装方法、使用方法有很大的关系，要结合鸡舍建设选择适合的通风方式，总的来说沿鸡舍纵向通风效果较好。在鸡舍顶部或侧墙装吊扇或摇头风扇的方法简单，经济实用。

②湿帘-风机降温设备。由湿帘和风机两部分组成。通过低压大流量节能风机向外排风，鸡舍内形成负压，舍外的热气经过湿帘变冷进入鸡舍，以纵向通风方式，从而使鸡舍温度下降。这种湿帘-风机降温设备的效果很好，只适于密闭或半开放式鸡舍，使用时鸡舍必须密封或关闭窗户和卷帘，才能形成负压通风。

③自动喷雾降温设备。主要由水箱、水泵、过滤器、喷头、喷水管道和自动控制系统等组成。自动喷雾设备，除了喷水降温外，还可在水中加入一定比例的消毒药，进行喷雾消毒或带鸡消毒，既可降温又能消毒。

（6）鸡笼　有育雏鸡鸡笼、育成鸡鸡笼及产蛋鸡鸡笼。

（7）清粪设备　种鸡笼养鸡舍，要安装机械清粪设备。

10. 如何建好鸡舍？

（1）根据经济实力、饲养规模、饲养方式、鸡舍利用效率、饲养管理水平等，选择适宜的鸡舍。如追求节能、鸡舍利用效率高、饲养管理方便，可选择开放封闭兼备型鸡舍。

（2）确定鸡舍类型后，要根据多方面的实际情况，选择鸡舍的建筑材料。鸡舍的建筑材料要实用、耐用、节能、环保、价格合适。

（3）根据饲养规模、场地大小，确定鸡舍栋数及鸡舍长度和宽度。

（4）请专业人员按照要求进行规划设计。

（5）按照规划设计，采购鸡舍的建筑材料。

（6）请专业人员按照设计，建造鸡舍。

（7）鸡舍建成后，请专业监理人员进行验收。

三、鸡场的经营管理

11. 如何经营管理好鸡场？

（1）鸡场的管理　肉鸡场管理的目的是为了员工和谐相处、人尽其才、物尽其用、追求最佳的养殖效果和经济效益。

①亲情化管理，营造家的氛围，兴办家庭亲情养殖场。

体谅员工。肉鸡养殖是苦差事，工作压力大、工作时间长、责任心要强、不可预见的事件多、单调、枯燥，不能随便外出，与亲朋交流、文体娱乐和家庭生活受到严重干扰。养殖场长要真正体谅员工的难处、理解员工的感受。

以人为本。在某一方面有专长的人都是人才。场长、技术员、电工、炊事员、饲养员都是人才。以人为本就是把人培养成人才，把人才当人才用，给人才足够的发展空间。把人的生命看得高于一切，充分尊重人的个性和专长，让人才充分展现才智、各显神通。

知人善任。每个养殖场区区十几个人，在招聘的时候就要有针对性。饲养员要年富力强、聪明能干；炊事员要健康讲卫生、懂厨艺、会调剂生活；电工要有经验、责任心非常强；技术员要理论联系实际、肯学习、善于钻研、为人亲和和有魄力、能独当一面。作为经营管理的场长，一定要熟知每个人的长处和不足，做到人尽其才，知人善任，扬长避短。沟通产生信任、信任促进合作、合作提高效率。知人善任是团队建设的基础与前提。

善待员工。给员工支付比较满意的薪酬，激励政策与养殖效果挂钩。给员工调剂好生活，关心员工的健康，关注员工的情绪变化及家庭问题。关注生产安全。给员工创造舒适干净的休息环境。耐心倾听员工发牢骚，及时化解员工之间的矛盾。给员工提供学习与培训的机会和条件。站在员工的角度上思考问题，遇事多替员工感受，换位思考很重要。

激励为主。人都有自尊心和虚荣心。表扬是最常用的激励手段，物质奖励、绩效挂钩、发奖金都是常用的激励措施。给优秀的人提供培训与外出参观考察的机会也是一种荣誉。得到提升、信任与提拔是每一个有上进心的员工梦寐以求的事。与员工会餐、关心员工的生活、力所能及地帮助员工解决个人和家庭困难也是激励。定期给员工调整工资待遇会让优秀的人产生归宿感和向心力。

公平与公正。所谓公平，就是让大家在各自的岗位上具备相对合理的待遇、工作条件、提升提拔的人文环境和资源、成果、荣誉共享的机会。实行岗位责任制，不让任何一个人受到委屈，不让任何一件工作失去责任感和监督。所谓公正，是面对问题的一种处理心态和做法，对事不对人，面对问题查找的是原因和解决方案，而不是在第一时间去追究某人的责任，更不能借题发挥、乱扣帽子、乱打棍子，借以排除异己，拉帮结伙。

倾听与沟通。倾听需要耐心，不要让员工感到你的应付和不耐烦。对相反的意见要认真考虑，要重点关注员工的不满。沟通需要诚心，诚心能让人说实话、了解到员工的真实感受。只要畅所欲言，就会产生集思广益的效果。场长不要瞧不起员工，要牢记三个臭皮匠顶一个诸葛亮的道理。有很多革新是员工想出来的。场长学会倾听与沟通，本身就是一个提高，而且会在提高中收益。对于在倾听与沟通中产生的分歧要用宽容的心态去面对，而不是武断地打断和否定，否则会产生距离，增加交流的难度，影响到执行力的发挥。

信任与协作。用人不疑、疑人不用。信任能让员工加强责任心，能极大地调动他们的积极性。怀疑、偏听、偏信能产生隔阂与摩擦，甚至会导致对立与人员流失。人员的频繁流失会增加我们的培训成本和养殖风险。团结协作首先来自于每个人对岗位的正确认知，在相互沟通与信任的基础上，加强配合，而不是各自为政。当把荣誉、责任、绩效都挂起钩来的时候，相互协作也就成了很自然的事情。

以场为家。从亲情管理的角度出发，养殖场用的不是工人而是亲人。既然是亲人，那就应该让他们受到亲情的关注，亲情浓了就有家的感觉与温暖。员工干的事就是自家的事，这就达到了以场为家的效果。以场为家不是一句口号，而是一种行动。当这种行动成为集体行动的时候，场即是家，员工就是家庭成员。达到了以场为家的境界，养殖场也就真正实现了亲情化管理，实际上已经不需要管理，只要协作就够了。

②标准化管理。穿着标准化，每个人都配备 3 套符合时令需要的工作服。工具标准化，每栋鸡舍配备同样齐全的工具、用具，以免大家借来借去而导致混乱并造成交叉污染和感染。被褥、餐具标准化，营造整齐的餐厅和宿舍的生活氛围。记录表格标准化，统一配备到每栋鸡舍。培训标准化，从企业文化、发展战略和规划、技术要领和规范等都要标准化。

③数字化管理。要建立详细而完整的养殖档案。对养殖过程中凡是能用数字反映的内容都要有相应的数字记录，及时对各类表格进行有效处理，如进雏数量、进雏时间、日死亡数、饲料消耗、周增重、出栏重、出栏率、药费、人工费、生活费、燃料费、土地承包费、房屋折旧、设备折旧、水电费、抓鸡费、运输费、检疫费、低值易耗品购置费、垫料费、鸡粪收入等。只有对每一项生产指标、开支和收入都有明晰记录，养殖效果和养殖效益的评价才能准确无误。

④规范化管理。不便于量化的管理项目，如最常见的 6S 管理（清理、清扫、整理、整顿、安全、素养）模式。首先要向员工讲明白什么是规范，然后指导和监督大家不断改善自己的行为习惯，最终达到相对规范的要求。作为养殖场最基本的就是环境

干净整洁。

⑤账目管理。根据经营管理的要求，结合数字管理，每批结算一次并建档封存。

⑥物资管理。

根据物资的用途分类管理，工具类、药品类、生活用品类等。

根据物资的使用频率分类管理，常用的物资和使用频率高的物品要放在显眼和好找的地方，以免耽误生活和生产，就像油盐酱醋要放在厨师的手底下一样。

根据有效期分类管理管理，生活用品和药品大都有明确的有效期，对于时间影响品质的物资要少购、勤购、定期用完。

对于重要物资要单独存放和妥善管理，比如发电机组的易损配件、加药器配件、水线和料线的控制器等都要做到手到擒来，避免发生问题以后现抱佛脚。

⑦安全管理。

首先是人的安全，主要是用电安全和取暖安全，避免触电和煤气中毒，配备漏电保护器、绝缘手套和绝缘靴；其次是在日常生产操作中，避免受到设施设备的伤害；生活安全，不吃变质的食物、不吃有药物残留的蔬菜（大多数养殖场都有足够的空闲地可以种植蔬菜自给自足）、不吃烹调不熟的食物（如扁豆、芸豆等），炊事员必须经过卫生部门的体检才能上岗。

设备使用安全，发电机的维护与保养，水线、料线及其附属设施的正确使用、暖风炉的正确使用和保养、湿帘水泵和变频水泵的正确使用与保养。

生产安全。防火，不能在鸡舍附近堆积柴草、防止线路老化、防止暖风炉漏烟漏火等；防盗，管理好物资、锁好门、关好窗、维护好篱笆，防止失盗发生；防风，固定好鸡舍顶部的保温材料、防水材料，避免大风掀顶；防应激，养殖期间杜绝一切来自外界的应激，以免引起鸡群抵抗力下降而导致发病；养殖期间避免外界禽类产品（鸡肉、鸡蛋）等进入鸡场。

产品质量安全，主要是按照屠宰厂或出口商的要求严格控制药物残留。

（2）鸡场经营　养殖场经营的目的是为了养殖盈利，增加收入和控制成本同样重要。

①投资决策。建筑投资及其效果评价（设计方案和材料选择）、养殖模式、设备、建设规模、必要的附属设施、投资规模、预期投资风险、投资回报都要有明晰的预算和分析。

根据国内外同类养殖场的设计规模进行总体规划，结合建设和使用中的优点和缺点不断对建筑设计图纸、材料选择、施工方案进行修正，逐步摸索出一套适合的设计方案。

对于现行的养殖设备（自动饮水线、自动喂料线、暖风炉、发电机组等）结合使用情况及时反馈厂家，在自家强化选择的前提下让他们不断强化技术改革和质量保证。

根据未来的消费发展趋势，结合当前肉鸡养殖现状，同时要预估疫情风险带给肉鸡养殖的影响，对投资风险进行预测。

②生产计划。根据市场需求、行情、疫情，制订全年的本场肉鸡养殖计划。

根据本场肉鸡养殖计划制订鸡苗采购计划和商品肉鸡销售合同计划。相应的大宗物资如饲料、垫料等也要有明确的采购计划。

各类计划的制订、修订、落实都要非常准确才行，否则计划就会落空或拖延，甚至影响到其他养殖场的计划。

③技术指导。在养殖场内，由场长牵头负责成立由专业人员参加的若干技术小组，如电修小组负责正常用电、发电、设备保养、设备维修等；防疫小组负责免疫接种、用药等；饲养管理小组负责控制和改善鸡舍内的环境气候等；生活小组负责推动日常管理、饮食起居等日常工作。

各个小组和全体养殖人员在分工的基础上去进行技术推广、

技术研讨、技术创新等。

请行业内的技术专家培训养殖技术、防疫灭病技术、设备使用与维护等。

培养自己的技术骨干，可以外出参观考察，也可以外出参加行业培训和技术研讨活动等。

④费用控制。控制采购质量，钱花得值，价值采购。控制采购数量，降低库存，减少资金占用。

控制使用，妥善保管，物尽其用，避免浪费。

反季节采购降低使用成本，如煤炭、垫料等。团购，如低值易耗品、工作服、配件等。

自给自足，如空闲地的利用，种植瓜果蔬菜等。

节能降耗，主要方向是水电、油料、煤炭等。

科学开支，对技术性的开支要论证，如药物、疫苗等。

⑤指标改善。通过参与和加强行业内的培训、参观、交流等活动，把有效的做法、成功的创新和优秀指标不断集中。养殖对每一个场来讲都有可能成功，也有可能失败，成功的也会有不尽如人意的地方，失败的也有值得肯定的经验。如果把很多养殖场家的优秀做法和有效做法都集中起来，我们的指标就会非常理想，成活率非常高，药费和料肉比非常低等，在指标改善上要密切结合数据管理，否则改善就没有量化的依据。

⑥订好购销合同。鸡苗、疫苗、兽药、垫料、鸡粪、毛鸡销售、低值易耗等物品的购销方面能签订合同的一定要把购销行为以合同的形式固定下来，对时间、数量、质量、价格、结算方式等都要做到公平合理、合理合法、安全快捷。

⑦关注国家政策。在发展现代肉鸡健康养殖的过程中，根据国家的法律法规和新农村建设的优惠政策，在征地、减免所得税、减免防疫检疫费、疫苗供应、用电优惠政策、道路建设和维护等方面获得地方政府和业务主管部门的大力支持。同时本着回报社会、奉献爱心的宗旨处理好邻里村庄的社会关系，为健康顺

利地推动肉鸡健康养殖而营造和谐环境。

12. 如何设计肉鸡场的生产统计表？

肉鸡场生产统计表分为：肉鸡每日生产记录及统计表及肉鸡生产记录终结统计表。

肉鸡每日生产记录及统计表，是对某一批次肉鸡，在饲养过程中，每天产生的相关数据进行分类整理和记录。记录项目一般包括：日存栏数、日死亡数、累计死亡数、日投料量、日投料费用、累计投料量、累计投料费用、日给药类别和数目、日给药药费、日销售数、累计销售数、低值易耗品种类、低值易耗品费用等。

肉鸡生产记录终结统计表，是对某一批次肉鸡，在饲养结束时，对每天产生的相关数据进行分类总结而形成的记录。记录项目一般包括：品种、购自厂家、进雏时间、进雏数量、雏鸡初始平均体重、商品鸡出售总数、商品鸡出售总活重、总投料量、总投料费用、育成率、料肉比、总药品费用等。

13. 如何设计种鸡场的生产统计表？

种鸡场生产统计表分为：种鸡每日生产记录及统计表及种鸡生产记录终结统计表。

种鸡每日生产记录及统计表，是对某一批次种鸡，在饲养过程中，每天产生的相关数据进行分类整理和记录。记录项目一般包括：日存栏数、日死亡数、累计死亡数、日投料量、日投料费用、累计投料量、累计投料费用、日给药类别和数目、日给药药费、日产蛋数、累计产蛋数、日产蛋率、日产合格种蛋数、累计产合格种蛋数、低值易耗品种类、低值易耗品费用等。

种鸡生产记录终结统计表，是对某一批次种鸡，在饲养结束时，对每天产生的相关数据进行分类总结而形成的记录。记录项目一般包括：品种、购自厂家、进雏时间、进雏数量、育成率、雏鸡初始平均体重、商品鸡出售总数、商品鸡出售总活重、总投料量、总投料费用、产蛋总数、产合格种蛋总数、料蛋比、总药品费用、淘汰鸡总数、淘汰鸡总收入等。

14. 如何分析和提高肉鸡场的经济效益？

饲养一批肉鸡产生的费用和收入主要包括：饲料费用、雏鸡购买费用、水费、电费、取暖费、药品费用、人工费用、贷款费用、固定资产和设备的折旧费用、修理费用、检疫费、垫料费、肉鸡销售收入、鸡粪收入等。

每千克贷款费用：一年支付利息的总数，除以一年出售肉鸡的总重量（千克）。

每千克固定资产和设备的折旧费用：一年支付的固定资产和设备的折旧总数，除以一年出售肉鸡的总重量（千克）。

每千克修理费用：每千克固定资产和设备的折旧费用的5%～10%。

将上面所列费用进行核算，可以求出一千克活重支出是多少，收入是多少，利润是多少。

肉鸡的生产成本的波动主要涉及：饲料单价、雏鸡单价、商品肉鸡单价、饲料转化率（料肉比）、育成率、药品费用。

饲料单价、雏鸡单价、商品肉鸡单价的波动，会直接影响每千克活重的利润及总利润。

料肉比高，每千克活重消耗饲料就降低，利润就会上升。

育成率提高，会减少每千克活重的雏鸡购买费用、每千克贷款费用、每千克修理费用、每千克固定资产和设备的折旧费用。

要提高肉鸡饲养的效益效益，主要是控制好饲料费用、雏鸡购买费用、药品费用，提升料肉比和育成率，把握好商品肉鸡销售价格。

控制好饲料费用。饲料费用大约占肉鸡生产总费用的60%。必须时刻关注国内外农业收成变化及市场上饲料价格的波动。摸索饲料价格的波动规律，按照饲料市场价格变动规律来确定本场的养殖规模。

商品肉鸡的市场价格直接关系肉鸡业的兴衰，直接导致肉鸡场的盈亏水平。必须预测商品肉鸡的市场价格波动的低谷，务必避开商品肉鸡的市场价格波动的低谷，抓住商品肉鸡的市场价格波动的高峰。

与经济实力雄厚的肉鸡屠宰企业签订比较长期的产销合同，力保销售价格的基本稳定及全年均衡养鸡生产。

全力加强肉鸡疾病控制工作，减少发病率，可以降低药品费用，提高育成率和饲料转化率，增加收益。

要力保所用的全价饲料的品质，提高饲料转化率，降低饲料消耗总量，减少饲料总支出，增加收益。

15. 如何分析和提高种鸡场的经济效益？

饲养一批肉种鸡产生的费用和收入主要包括：饲料费用、雏鸡购买费用、水费、电费、取暖费、药品费用、人工费用、贷款费用、固定资产和设备的折旧费用、修理费用、检疫费、垫料费、种蛋收入、肉种鸡淘汰销售收入、鸡粪收入等。

每枚种蛋贷款费用：一年支付利息的总数，除以一年出售种蛋的总数。

每枚种蛋固定资产和设备的折旧费用：一年支付的固定资产和设备的折旧总数，除以一年出售种蛋的总数。

每枚种蛋修理费用：每枚种蛋固定资产和设备的折旧费用的5%～10%。

将上面所列费用进行核算，可以求出一枚种蛋支出是多少，收入是多少，利润是多少。

种蛋的生产成本的波动主要涉及：饲料单价、雏鸡单价、种蛋单价、每只育成种鸡平均产蛋率、料蛋比、药品费用。

饲料单价、雏鸡单价、种蛋单价这三个指标直接受市场波动影响，只能预测和适应。

每只育成种鸡平均产蛋率、料蛋比、药品费用这三个指标与本场的饲养管理实际运行状态密切相关，有很大的人为控制潜力。想尽办法提高每只育成种鸡平均产蛋率，就可以使这批育成种鸡的产蛋总数上生，料蛋比会下降，每枚种蛋的成本就会有所下降。全力加强种鸡疾病控制工作，减少发病率，可以降低药品费用，提高产蛋种鸡的数量，从而增加产蛋率。要力保所用的全价饲料的品质，提高饲料转化率，降低饲料消耗总量，减少饲料总支出，增加收益。

四、肉鸡的孵化

16. 建造孵化场的基本要求有哪些？

建造孵化场的基本要求：

（1）场址选择　应设在距离种鸡场1千米的上风地带。须远离交通主干道至少500米，离居民区至少1千米，远离粉尘较大的工矿区至少2千米。要远离畜牧场、屠宰场、兽医站、污染物排放严重的化工厂等。要远离居民区及农村的卫生院、疗养院、福利院、学校等。应建在地势高、通风向阳、水源和电源充足、交通便利的地方。

（2）孵化场规模要适当　建设前，要充分而细致地调查可能的雏鸡需求量及种蛋来源和数量。根据鸡苗销售范围和对象、孵化机的类型和容蛋量、每周入孵和出雏批次和数量，确定孵化场的规模及孵化室、出雏室和配套房舍的面积。

（3）孵化场的墙壁、地面和天花板　应选用防火、防潮和便于冲洗、消毒的材料；应考虑孵化器安装位置，以不影响孵化器布局及操作管理。门高2.4米左右、宽1.2～1.5米，以利种蛋等的输送。天花板高度，孵化室、出雏室、收蛋室的天花高度以4～4.2米为宜，鸡苗室的天花高度以3～3.2米为宜，种蛋贮存室、更衣室、熏蒸室、无菌室的天花高度以2.6～3.0米为宜，以保证消毒的效果，节省能源。孵化室与出雏室之间，应设缓冲间，既便于孵化操作又利于卫生防疫。地面平整光滑，以利于种蛋输送和冲洗，并设下水道。屋顶应铺保温材料，这样天花板不致出现凝水现象。

（4）良好的通风换气系统　孵化场通风换气一方面可以供给

氧气、排除废气(主要是二氧化碳)另一方面还可以驱散余热。最好各室单独通风，将废气排出室外，至少应以孵化室与出雏室为界，前后两单元各有一套单独通风系统。移盘室介于孵化室和出雏室交界处,应采用负压通风。采用过滤排风措施可显著降低空气中的细菌数量(可滤去99%的微生物),提高孵化率和雏鸡的质量。

17. 孵化场的设备有哪些?

孵化场的设备主要有：孵化器、出雏器、换气设备、暖气设施、空调设备、空气加湿设备、消毒设备、种蛋贮藏设备、水处理设备、运输设备、冲洗设备、发电设备等。

孵化器主要为立体孵化器，分为箱式和巷道式。容量为几千至一万多枚的箱式立体孵化器。按出雏方式分为下出雏、旁出雏、孵化出雏两用和单出雏等类型。巷道式孵化器孵化量大，尤其适于孵化商品肉鸡雏，采用分批入孵、分批出雏。

18. 如何设计孵化场的工艺流程和布局?

孵化场的工艺流程，必须严格遵循“种蛋→种蛋处置（分级、码盘）→种蛋消毒（贮存前）→种蛋贮存→种蛋消毒→孵化→移盘→出雏→雏鸡处置（分级、鉴别、免疫接种等）→雏鸡存放→雏鸡发放”的单向流程，不得逆转或交叉原则。孵化室和出雏室必须留出缓冲区。

依据上面的原则及各个工作区和工作间关系和大小，来设计孵化场的工艺流程和布局。

19. 怎样保存种蛋?

（1）要在专用贮存室保存种蛋　专用保存室装备有空调、换气系统、加湿器。

（2）种蛋贮存前，要进行消毒处理。

（3）控制好温度　种蛋保存最适宜的温度是10～15℃。

（4）控制好湿度　保存种蛋适宜的相对湿度是75%～82%。如果保存的地方潮湿，而通风良好，相对湿度可以稍低些；如保存的地方干燥，则相对湿度可以稍高些。

（5）保存时间　种蛋一般保存3～7天。即使在最合适的温度条件下保存的种蛋，若超过10天，孵化率也会下降。

（6）通风换气　通风换气是保存种蛋的重要条件之一。要保持专用贮存室空气新鲜。每千枚种蛋所需空气流量大约0.06米^3/分钟。

20. 孵化期间鸡胚变化有什么特征？

种蛋孵化要经历21天，每一天鸡胚都有明显变化。

第1天：首先在胚盘明区的后端形成半月形的胚质，然后胚质逐渐加厚变长，在胚盘中央形成原条，胚体以原条为中轴进行发育、分化，直到形成脊索，然后原条逐渐消失。中胚层的细胞在沿着神经管的两侧，形成左右对称的呈正方形薄片状的体节四五对。中胚层进入胚盘的暗区，在胚的边缘分化形成许多红点，称“血岛”。照蛋时，可见“鱼眼珠”样的结构。

第2天：卵黄囊、羊膜、浆膜开始形成。血岛合并形成血管。入孵25小时，心脏开始形成，30～42小时后，心脏开始跳动，形成卵黄囊血液循环。照蛋时可见卵黄囊血管区，形似樱桃，俗称“樱桃珠”。

第3天：尿囊开始从胚胎后肠的腹侧突起。羊膜已形成，并包围胚胎于羊膜腔中。此时胚胎的头尾已能区分，脑泡原基出现，眼的色素开始沉着。已有35对体节，前后肢芽开始形成，内脏器官开始发育。卵黄由于蛋白水分的渗入而明显增大。照蛋时，可见卵黄囊血管形似蚊子，俗称“蚊虫珠”。

第 4 天：卵黄囊血管包围卵约 1/3，肉眼可见尿囊。羊膜腔形成；胚胎头部明显增大，舌开始形成。照蛋时蛋黄不易随蛋转动，俗称“钉壳”；胚胎卵黄囊血管向四周伸展，形似蜘蛛，俗称“小蜘蛛”。

第 5 天：生殖腺已分化，组织学上可确定胚的性别。胚体弯曲呈 C 形，四肢发育，可见指（趾）原基，照蛋时，可见黑色的眼点，称“单珠”。

第 6 天：胚长 13.8 毫米，胚重可达 0.29 克，卵黄囊包围卵黄囊表面 1/2 以上，尿囊接触浆膜，形成尿囊浆膜，羊膜开始收缩，胚胎开始活动，卵黄达最大重量。喙原基出现，躯干部增大。照蛋时，可见胚胎周围有羊水，头部和躯干部增大，胚体呈电话筒状，俗称“双珠”。

第 7 天：胚长 14.2 毫米，胚重约 0.57 克。羊膜腔扩大，羊水较多，口腔、肌胃、鼻孔已形成，性腺雏形已出现。照蛋时，蛋的正面布满血管，但胚胎活动不强。

第 8 天：胚长 15 毫米，胚重 1.15 克。胚胎活动增强，像在羊水中浮游，右侧卵巢开始退化，四肢已发育成形，用放大镜已可看到胚胎皮肤表面的羽毛原基。照蛋时，卵黄囊已扩大到蛋的背面，转动蛋时，两边的卵黄不易晃动，称边口发硬。

第 9 天：胚长 20 毫米，胚重 1.53 克，喙开始角质化，软骨开始骨化，眼睑已达虹膜。心、肝、胃、肾、肠已发育良好，尿囊几乎包围整个胚胎。照蛋时，可见到卵黄边易晃动，尿囊血管伸展越过卵黄囊。

第 10 天：胚长 21 毫米，胚重约 2.26 克。蛋白部分由于水分渗入卵黄，体积减小，并移到蛋的锐端，并被尿囊浆膜包围，形成蛋白囊。尿囊血管在蛋的小头合拢。照蛋时整个胚蛋除气室外，布满血管，俗称“合拢”。胚胎龙骨突形成。

第 11 天：胚长 25.4 毫米，胚重 3.68 克。胚胎各器官进一步发育。背部出现绒毛，尿囊液达最大量。照蛋时，可见血管加粗，颜色变深。

第 12 天：胚长 35.7 毫米，胚重 5.07 克，躯体覆盖绒毛，开始用喙吞食蛋白。肠、肾开始有功能。照蛋时，可见血管变粗，背面左右卵黄在钝端相接。

第 13 天：胚长 43.4 毫米，胚重 7.37 克，锐端的蛋白由浆羊膜道输入羊膜腔中，羊水变浊，胚胎吞食蛋白，尿囊中有白色絮状物出现。胫、趾部出现角质鳞等原基。眼睑达瞳孔。照蛋时，可见小头发亮的部分逐渐减少。

第 14 天：胚长 47 毫米，胚重 9.74 克。胚胎全身覆盖绒毛，头朝向气室，胚胎开始改变横着的位置，逐渐与蛋的长轴平行。

第 15 天：胚长达 58 毫米，胚重 12 克，翅已完全成形，胫、趾部鳞片开始形成，眼睑闭合。体内外各器官基本形成。

第 16 天：胚长 62 毫米，胚重 16 克。绝大部分蛋白进入羊膜腔，胚胎的冠和肉髯明显。照蛋时，小头发亮的部分继续减少。

第 17 天：胚长 65 毫米，胚重 18.6 克。羊水、尿囊液开始减少，蛋白全部输入羊膜腔。喙伸向气室，胚胎在蛋的小头长满。照蛋时，蛋的小头看不到发亮的部分，俗称“封门”。

第 18 天：胚长 70 毫米，胚重 21.8 克。羊水、尿囊液明显减少，胚头弯曲在右翼下，眼开始睁开；胚胎转身，喙朝向气室。照蛋时，可见气室倾斜，俗称“斜口”。

第 19 天：胚长 73 毫米，胚重 25.6 克。胚胎大转身，颈部及翅部突入气室。尿囊动、静脉开始枯萎。卵黄囊收缩，剩余的卵黄大部分已进入腹中。喙进气室，开始肺呼吸。此时胚胎头埋于右翼下，两腿弯曲朝头部，呈抱头姿势。照蛋时，可见气室内有翅、喙、颈部的黑影闪动，俗称“闪毛”。雏鸡开始啄壳。可闻雏鸡鸣叫。

第 20 天：胚长 80 毫米，胚重约 30.2 克。尿囊完全枯萎，剩余卵黄与卵黄囊全部进入腹腔，雏鸡啄壳，开始出雏。

第 21 天：雏鸡孵出，胚重为 35～37 克。

21. 机器全自动孵化的主要特点有哪些？

采用孵化机和出雏机对种蛋进行全自动孵化，具有很多方面的优势。

可以自动而精确地控制孵化的温度、湿度，自动翻蛋，避免人为差错，提高种蛋孵化率。孵化设备容易清洗消毒，保持卫生。

可以显著增加孵化量。可以精确调控每批入孵的数量及间隔时间，提高孵化效率，更利于随市场需求来制订孵化计划。

22. 种蛋孵化的日常管理有哪些方面？

岗位上的每个工作人员都要按照规范进行孵化周期的日常管理。种蛋孵化的日常管理主要有下面几方面：

（1）制订入孵计划　根据与客户所签订的合同，确定具体的入孵计划。制订计划时尽量考虑如下几方面情况：①数量小的可采用小户合并大户，或小户与大户兼顾上孵的办法，使每批入孵量尽量与孵化机容量一致，以提高孵化机的利用率。②依据当月批次的受精率、孵化率、健雏率，来确定入孵数，保证出雏量与合同供应量基本一致。③每批上孵间隔不得超过 10 天，以免种蛋贮存期延长而影响孵化率。

（2）码蛋、预热与上机

码蛋。把蛋车推入码蛋间，将蛋大头向上码入蛋盘并在蛋盘上标好系别、入孵时间等，蛋盘一定要完全推入蛋车架，以防翻蛋时出现压折蛋盘现象。码蛋时应避免小头向上放置，以免造成损失。在将蛋从蛋库移入码蛋间时要注意防止蛋“出汗”，因为

“出汗”会促使细菌繁殖及侵入蛋内。

预热。码蛋后最好在23℃下预热18小时。冬季或夏季可酌情增减预热时间，夏季一般预热6～8小时即可，冬季可预热24小时左右。

上机。先按水平翻蛋按钮，待动杆圆孔与固定圆孔处在同一垂直线上时，由两人将码满蛋的蛋车缓缓推入孵化机，注意导向轮在后，先从孵化机两侧推车上机，便于观察已上机的蛋车长轴（销轴）是否完全插入动杆圆孔，然后根据上机蛋车活动横梁的倾斜程度，调整尚未上机的蛋车横梁，使两横梁倾斜度保持一致，即可容易将其他蛋车的长轴插入动杆圆孔。检查长轴是否完全插入动杆圆孔中，可用手左右摆动任意一辆蛋车的活动横梁，如果摆动一辆，其他几辆均有小幅度摆动，则说明蛋车长轴完全插入。

长轴全部插入后，将机底锁卡在蛋车导向轮下的轮槽内，以防翻蛋时蛋车自动退出；有自锁销的蛋车要用手电筒检查蛋车自锁销是否脱开4～6毫米；无自锁销的蛋车，要拔出蛋车上锁定销轴，以免酿成重大事故。

手按翻蛋钮，检查有无卡壳现象。如果出现异常情况，务必立即关机，重新检查。对八角式孵化机来说，蛋盘放入孵化架时要注意保持前后的平衡，以免“翻筋斗”，并要检查蛋盘卡牙是否卡在蛋架的卡缝中。

（3）孵化期的操作

温度调节。依照各孵化机最高孵化成绩的用温方案，不断地进行细致调整，可筛选出一定条件下的最佳施温方案。基本的用温方案最好贴在各孵化机门上，如果需要临时调整，技术员可将其写在每台孵化机的记录本上，以便值班员按时对照调温。温度调节后，必须注意观察记录，并与门表温度计作比较，以防止调节失误。如果发现数显测量温度超出规定范围±0.3℃，要及时找出原因，采取措施。

湿度调节。用水银导电表控湿时要注意隔天向水银探头下的水盒内加蒸馏水；湿度达不到要求时要检查是否因停水、进水口堵塞、水位低或加湿电机烧坏等不同原因所致。一般来说，孵化期间的最佳湿度依不同品种失水率来定。出雏期要注意提高湿度，一般保持在75%左右，在这种湿度下，开出雏机门时能感到有一股热湿气扑面而来，低湿时往往绒毛飞扬，鸡体绒毛干黄。

翻蛋的调节。每1～2小时翻蛋一次，至16日龄为止。手动翻蛋时，动作要轻、稳、慢。启用自动翻蛋系统后，要注意每隔一段时间检查翻蛋次数、角度是否正常。

风门的调节。通风量因孵化日龄而异，值班员应根据日龄的不同及蛋容量的大小来及时调整风门大小。

照蛋与调盘。大规模孵化生产时，一般仅在10～11日龄照蛋一次，验出无精蛋、死胚蛋并检查发育情况，如有必要，可随时抽照种蛋。调盘、调车可在5日龄、10日龄、15日龄进行，以减少温差的不良影响。

（4）出雏期的操作

出雏机准备。每次出雏结束后，应及时彻底清洗消毒出雏机。落盘前12小时开机升温，待温度、湿度稳定后，转移种蛋。但要注意：①出雏机温度一般比孵化机低0.3～0.5℃，具体温度要考虑到胚胎发育情况、气温、出雏机内胚蛋数等因素，但主要依据发育情况来定。②出雏机湿度要比孵化机高15%以上，以利于出雏及防止雏鸡脱水。③当入孵量接近孵化机容量时，应将风门开到最大位置。

落盘。落盘时间，有的场选在19日龄落盘，此时往往有少数胚蛋啄壳，因而会有碎蛋壳落在孵化机内，有时还会有早出壳鸡从蛋盘上落下，拉出蛋车时，稍不留神就会压死雏鸡，不仅造成损失，也污染了孵化器。在16～18日龄落盘可能更好。落盘时要注意平端平放出雏盒，且动作要轻、稳、快，以减少破损及缩短胚蛋在机外的时间。出雏盒内不得放入太多（以单层平放占底面积 80%左右为宜），以免影响出雏。出雏盒之间必须卡牢。最上层要加盒盖，以防雏鸡跌落。落盘后的雏车在推向出雏器时，一定要由两人缓缓推行，切忌用力快推，以防雏盒倒塌。进机前先关闭风扇，再开门推车，否则机内温、湿度下降过快而延长回升时间。进机后将风门开到最大位置并随手关掉机内照明灯。

出雏时的操作。①捡鸡，必须适时从出雏机捡鸡。孵化满 20 天，鸡开始出壳，当出雏量达 70%时，应开始捡蛋壳与捡鸡一次，整个出雏期最好捡 3 次，以保证雏鸡出壳后在机内所停留的时间不超过 12 小时。②助产，在捡蛋壳与鸡的同时，要对出壳困难的人工助产。助产要掌握好时机和手法，否则效果不佳。对啄壳时间较长、毛稍发黄、血管枯萎、指弹蛋壳时能发出清脆鼓音的胚蛋，可用手指从啄孔剥开，轻轻将头从翼下拉出，切不可全部拉出壳外。若指弹发出浊音，说明蛋黄囊未完全吸入腹内，此时要用指甲沿啄壳的路线将蛋壳划破一圈，再放回原处，让其自行出壳。遇到干瘪壳膜包住的胚蛋，须用温水湿润后，再轻剥壳膜。对在蛋小头破壳的，可在啄壳处小心地取下一块壳，再顺破口轻轻划开一条裂缝，待一段时间后即可自行出壳。助产时切勿损伤血管，以免造成死亡。待大批雏鸡出壳并捡出后，将尚未出壳蛋助产并重新并盘，推入出雏机，然后将温度提高 1℃，湿度提高 15%左右，以利于加速出雏。

23. 衡量孵化效果的指标有哪些?

在每批种蛋孵出后，根据照蛋捡出的无精蛋、死胚蛋、破蛋，出雏的健雏数、残弱雏数、死雏数及死胚数等完整记录资料，按下列各主要孵化指标，进行孵化数据统计分析。

衡量孵化效果的几项指标：

（1）受精率

受精率=（受精蛋数/入孵蛋数）×100%

受精蛋数包括死精蛋和活胚蛋。受精率一般应达 92%。

（2）早期死胚率

早期死胚率=（死胚数/受精蛋数）×100%

通常统计头照（5 胚龄）时的死胚数。正常水平为 1.0%～2.5%。

（3）受精蛋孵化率

受精蛋孵化率=（出壳雏鸡数/受精蛋数）×100%

出壳雏鸡数包括健雏、弱、残和死雏。高水平达 92%以上。此项数据是衡量孵化场孵化效果的主要指标。

（4）入孵蛋孵化率

入孵蛋孵化率=（出壳的全部雏鸡数/入孵蛋数）×100%

高水平达到 87%以上，该数据反映种鸡繁殖场及孵化场的综合水平。

（5）健雏率

健雏率=（健雏数/出壳的全部雏数）×100%

高水平应 98%以上。孵化场多以售出雏鸡视为健雏。

（6）死胎率

死胎率=（死胎蛋数/受精蛋数）×100%

死胎蛋一般指出雏结束后扫盘时的未出壳的种蛋。

（7）受精蛋健雏孵化率

受精蛋健雏孵化率=（健雏数/受精蛋数）×100%

受精蛋健雏孵化率是衡量孵化场孵化效果的指标。

24. 怎样进行孵化效果分析？

以孵化效果的几项指标对每一批种蛋进行统计分析，依据统计分析结果，评价种蛋质量和孵化效果。

如果是种蛋质量下降，就可能出现受精率明显下降、早期死胚率上升、入孵蛋孵化率下降、健雏率下降、死胎率增加。种蛋质量下降就要从种鸡管理方面查找原因。

如果是孵化过程出现异常，就可能出现早期死胚率上升、入孵蛋孵化率下降、健雏率下降、死胎率增加、受精蛋孵化率下降、受精蛋健雏孵化率下降。孵化过程出现异常，就要在孵化的各个环节全面查找原因。

鸡群的健康状态、饲料品质、种蛋保存、孵化设备及各位孵化工作人员的技术水平和操作能力等，都会影响孵化指标。

整个孵化期鸡胚死亡的分布规律　无论是自然孵化还是人工孵化，是高孵化率的鸡群还是低孵化率的鸡群，鸡胚死亡在整个孵化期不是平均分布的，而是存在着两个死亡高峰。第1个死亡高峰在3～5日龄，第2个高峰在18～20日龄。一般来说，第1个死亡高峰的死亡率约占全部死亡率的15%，第2个高峰约占50%。两个高峰期死胚率约占全期的65%。高孵化率的鸡群鸡胚多死亡于第2个高峰：而低孵化率的鸡群，第1个高峰死亡率比较多，与第2个死亡高峰大致相等。

第1个死亡高峰是胚胎生长迅速以及形态变化显著时期，从某种意义上讲，内部因素对第1死亡高峰影响较大。内部因素是指种蛋内在品质，是由遗传性和饲养管理共同决定的。第2个死亡高峰是鸡胚从尿囊呼吸过渡到肺呼吸时期，生理变化剧烈，需氧增加，自温猛增，易感传染病，对孵化环境及管理水平要求高。从某种意义上讲，外部因素对第2个死亡高峰影响较大。外部因素即孵化过程中所给予的条件。

种蛋质量对孵化的影响及分析如下：

种蛋保存时间过久：气室大，系带和蛋黄膜松弛；很多胚死于头两天；剖检时，胚盘表面有时有泡沫；胚发育迟缓；出雏时间延长。

种蛋受冻：很多蛋的外壳冻裂；头几天鸡胚大量死亡，尤其是第 1 天，卵黄膜破裂。

运输不当：蛋壳破裂，气室流动，系带断裂。

蛋白中毒：蛋白稀薄，蛋黄流动；19 日龄胚胎死亡率增高，脚短而弯曲，鹦鹉喙；腿关节变粗，羽毛基本正常；初生弱雏较多，脚和颈麻痹。

维生素 A 缺乏：2～3 日龄即死亡，未能发生正常的血管系统；胚胎错位；皮肤、被毛色素沉着；胚雏眼肿胀，干燥，失明；剖检胚雏，肾有尿酸盐沉积。

维生素 D_3 缺乏：造成蛋壳中缺钙以致雏鸡发育不良和软骨；皮肤呈现大囊泡样水肿。

维生素 B_2 缺乏：9～14 日龄胚死亡率高，雏胚喙歪斜；雏鸡水肿，绒毛板结，弯趾。

泛酸缺乏：长羽异常，未出壳胚胎皮下出血。

生物素缺乏：长骨短缩，腿骨、翼骨和颅骨变短而扭曲。第三、四趾间有蹼，鹦鹉喙，1～7 日龄和 18～21 日龄胚胎大量死亡。

维生素 B_{12} 缺乏：胚胎头处于两腿之间，水肿，短喙，弯趾，肌肉发育不良，8～14 日龄胚胎死亡率高。

维生素 K 缺乏：出血及胚胎和胚外血管中有凝血现象。

维生素 E 缺乏：渗出性素质症（水肿），1～3 日龄胚大量死亡，单眼或双眼突出。

叶酸缺乏：同生物素缺乏相似，18～21 日龄胚胎死亡率高。

钙缺乏：孵化率降低，腿短而粗，翼和下喙变短，翼和腿易弯曲，额部突出，颈部水肿腹部凸出。

磷缺乏：14～18 日龄胚胎死亡率较高，喙和腿均软弱，孵化率下降。

锌缺乏：骨骼异常，可能无翼和无腿，绒毛呈簇状。

锰缺乏：18～21 日龄胚胎死亡率高，翼和腿变短，头部异常，鹦鹉喙，生长迟滞，水肿，绒毛异常。

硒缺乏：皮下积液，渗出性素质（水肿）。

硒过量：弯趾，水肿，死亡率较高。

孵化技术对孵化的影响及分析如下：

头两天孵化温度过高：5～6日龄，部分胚胎发育良好，畸形多，粘贴壳上。19日龄胚，头、眼和腭多见畸形。出雏提前，多畸形，如无颅、无眼等。

头3～5天孵化温度过高：多数发育良好，亦有充血、溢血、异位现象。尿囊合拢提前；19日龄胚异位，心、肝和胃变态，畸形；出雏提前，但出雏时间拖延。

短期的强烈过热：5～6日龄胚干燥而粘着壳上；10～11日龄胚尿囊的血液呈暗红色，且凝滞；19日龄胚皮肤、肝、脑和肾有点状出血；死胚见有异位，头弯左翅下或两腿之间，皮肤、心脏等有点状出血。

孵化后半期长时间过热：19日龄胚啄壳较早，内脏充血；破壳时死亡多，蛋黄吸收不良，卵黄囊、肠、心脏充血；初生雏出雏较早，但拖延时间长，雏弱小，粘壳，脐带愈合不良且出血，壳内有血污。

温度偏低：胚胎发育迟缓；10～11日龄胚胎尿囊充血未“合拢”。19日龄胚胎，气室边缘平齐；死胚剖检，很多活胚但未啄壳，尿囊充血，心脏肥大，卵黄吸收不良并呈绿色，壳内留胶质物。出雏晚，拖延时间，雏弱，脐带愈合不良，腹大，有时下痢，蛋壳表面污秽。

湿度过高：5～6日龄胚，气室小；10～11日龄胚胎尿囊“合拢”迟缓，气室小；19日龄胚，气室边缘平齐且小，蛋重减轻程度小；啄壳时洞口多黏液，喙粘在壳上，嗉囊、胃和肠充满黏性的液体；出雏晚而拖延，绒毛长且与蛋壳黏着，腹大，脐部愈合不良。

湿度偏低：5～6日龄胚死亡率高，充血并黏附壳上，气室大；10～11日龄胚，蛋重减轻多，气室大；死胚，外壳膜干黄并与胚胎黏着，破壳困难，绒毛干短；出雏早，雏弱小干瘪，绒毛干燥、污乱发黄。

通风换气不良：5～6日龄胚，死亡率增高；10～11和19日龄胚，羊水中有血液；19日龄胚，内脏充血，胎位不正；胚胎在蛋的小头啄壳，多闷死壳内。

转蛋不正常：5～6日龄胚，卵黄黏附在壳膜上；10～11日龄胚，尿囊“合拢”不良；19日龄胚，尿囊外有黏着性的剩余蛋白。

主要疾病对孵化的影响及分析如下：

鸡白痢：卵黄凝结，卵黄吸收迟缓；心，肝、脾、肺及肾脏有灰白色小结节；直肠、法氏囊充满白色内容物或气泡。

支原体病：卵黄膜充血、出血；卵黄吸收迟缓；呼吸道有干酪样物及大量黏液；心包膜或肝包膜呈炎性变化。

传染性脑脊髓炎：7日龄内胚胎死亡率较高，“血环死胚”多见，出壳前2～3天内出现一个死亡高峰；能出壳的那些幸存者很快即出现震颤和共济失调等神经症状。未死亡的胚胎活动十分微弱；剖检死胚，可见躯体出血，尿囊内及肾脏的尿酸盐过度沉积，肌肉萎缩和脑软化，与正常胚体比较，显得过分瘦削。

病毒性关节炎：虽然该病经蛋传递不高，但带病毒的出壳雏鸡的横向传播往往可使整个鸡群受感染。该病毒能在敏感的鸡胚内增殖。死胚充血、出血；较迟死亡的鸡胚，胚体发育障碍，肝、脾、心肿大并有细小的坏死灶，胚体呈暗紫色。

减蛋综合征；母鸡感染后2周内产蛋率和蛋壳质量下降，种蛋常表现在靠锐端1/4处，环绕蛋的中轴出现一环形带状隆起，并常有细小的裂纹；有的种蛋蛋壳呈半透明薄壳状。极易破损。感染母鸡减蛋综合征腺病毒的鸡胚，表现为发育不良，胚体蜷缩，死胚充血或出血。

禽白血病：一些病毒能在敏感鸡胚的绒毛尿囊膜上复制并形成痘斑样病灶；经静脉内或蛋黄囊内接种，可使鸡胚的某些组织、器官出现肿瘤，胚体发育迟滞，重量减轻，肝、脾极度肿大，死亡率很高。

包涵体肝炎：种蛋孵化率明显下降，雏鸡的死亡率高。包涵体肝炎腺病毒对鸡胚的致病性与病毒株、胚龄和接种途径有关。大多数病毒株在接入敏感胚的蛋黄内后，鸡胚于接种后 5～10 天内死亡；在较迟死亡鸡胚的肝细胞中，可发现核内包涵体。若将病毒接种于鸡胚的绒毛尿素膜上，可在胚膜上形成坏死性病灶。死亡的胚体皮肤出血。

通过照蛋及对出雏情况的细致观察，结合对鸡群的健康状况、饲养管理、种蛋保存、运输及孵化条件、操作技术等方面全面调查，进行综合分析，作出客观判断，以此为依据，进一步改善饲养管理、种蛋保存和调整孵化条件。实施一段时间后，再观察孵化效果。

五、肉鸡的饲养标准及日粮配制

25. 肉鸡所需的营养素有哪些？

肉鸡需要的营养素有六大类：碳水化合物、蛋白质、脂类、维生素、矿物质和水。

六种营养素在肉鸡体内可以发挥三大方面的生理作用：其一是作为能源物质，供给肉鸡所需要的能量（主要是碳水化合物、脂类和蛋白质）；其二是作为肉鸡的结构原材料，主要有蛋白质、脂类、矿物质等；其三是作为调节物质，调节肉鸡的生理功能，主要有维生素、矿物质等。这些营养素分布于各种饲料原料中。摄食全价饲料，肉鸡就可以获得足够的各种营养素。

26. 肉鸡健康生长发育所需各种营养素的影响因素有哪些？

肉鸡健康生长发育所需的各种营养素影响因素主要有：

（1）肉鸡自身发生某些疾病，特别是消化道疾病，会严重影响食物的消化和吸收。

（2）全价饲料配比不合理，全价饲料中各种营养成分含量不适宜和比例不当，不满足肉鸡的生长及种肉鸡的繁殖需要。

（3）全价饲料中某些原材料的品质不好或营养素的含量不够，会影响全价饲料的品质，这些全价饲料显然不能满足肉鸡健康生长发育的需要。

（4）虽然全价饲料品质好，但投饲量不够充足，也会影响肉鸡健康生长发育。

(5) 全价饲料中某些营养成分过多会影响其他营养成分的吸收，如过量钙可以限制铁和锌的吸收，过量锌限制铜和铁的吸收。

27. 肉鸡饲养标准的内容有哪些?

肉鸡饲养标准的内容主要有：

(1) 营养标准所列的类别有：代谢能、粗蛋白、蛋白能量比、蛋氨酸+胱氨酸、赖氨酸、色氨酸、精氨酸、苏氨酸、铁、铜、锰、锌、碘、硒、钙、有效磷、维生素 A、维生素 D_3、维生素 E、维生素 K_3、维生素 B_1、维生素 B_2、维生素 B_6、维生素 B_{12}、泛酸钙、烟酸、叶酸、生物素、胆碱等。

(2) 肉用仔鸡的营养标准，按照生长发育特点，分为三个阶段（早期、中期、晚期）。在每个阶段，上述营养标准所列的类别的数量都有差异。

(3) 肉用种鸡的营养标准，按照生长发育特点，分为三个阶段（育雏期、育成期和产蛋期），在每个阶段，上述营养标准所列的类别的数量都有差异。

肉鸡饲养标准的详细内容和具体数据，请参考农业部 2004 年制定的肉鸡饲养标准。

28. 肉鸡饲料原料有哪些?

肉鸡饲料原料种类繁多，依据国际饲料分类法，可分为八大类（粗饲料、青绿饲料、青贮饲料、能量饲料、蛋白饲料、矿物质饲料、维生素饲料、添加剂）及十六个亚类。

肉鸡的常用饲料原料有：

(1) 能量饲料

①玉米。是肉鸡最主要的能量饲料之一。含有丰富的淀粉和

粗脂肪。配制日粮时，玉米的用量一般占日粮的40%～70%。

②碎米。淀粉含量高，粗纤维含量低，易于消化，其营养价值与玉米相似，用量约占日粮的30%～50%。

③小麦。营养价值较高，能量含量接近玉米，蛋白质含量较多，氨基酸比其他谷类完善，维生素B族也很丰富。一般可占日粮的10%～25%。

④大麦。含有15%～20%的皮壳，能量约为玉米的75%，粗纤维含量比玉米高3倍。用量可占日粮的10%～15%。

⑤麦麸。含粗蛋白质、B族维生素和锰元素等较多，有轻泻作用，用量不宜太大，一般肉鸡用量不超过8%。

⑥米糠。是大米加工的副产品，主要由，皮和米胚组成，其粗脂肪、粗蛋白质和粗纤维含量均高于大米，富含B族维生素，常作辅助料，用量不宜太多，一般占日粮8%～10%。

⑦脂肪和油类。含有很高的能量。为了提高肉仔鸡饲料的能量水平，通常在日粮中加入2%～5%的油脂，以动物油脂（主要为猪油和牛油）最好，也可用植物油（如椰子油、菜籽油，豆油、花生油等）来代替，但不如动物油好。

（2）蛋白质饲料　可分为植物性蛋白质饲料和动物性蛋白质饲料。植物性蛋白质饲料如豆饼、花生饼、棉籽饼、菜籽饼等；动物性蛋白质饲料如鱼粉、血粉、肉骨粉、羽毛粉、蚕蛹和其他各类加工副产品等。

①豆饼。由大豆加工豆油后的副产品，有饼和粕之分。大豆饼粕含蛋白质40%以上，居植物蛋白质饲料的首位，并富含赖氨酸，营养价值高，一般用量占日粮的15%～20%。

②花生饼。是一种含蛋白质高的好饲料。在南方温暖而潮湿的空气中，容易变质产生黄曲霉，因而要注意防霉，用量一般同大豆饼粕。

③棉籽饼粕。蛋白质含量仅次于豆饼粕，达30%～35%，但不宜单纯作日粮植物蛋白饲料使用，因缺赖氨酸，同时用量不

能超过日粮的 10%，因棉籽饼粕中含有棉酚，喂量过多易引起中毒。

④菜籽饼粕。含粗蛋白质 25%～30%，赖氨酸含量较低，蛋氨酸含量比豆饼粕高，但菜籽饼粕中含芥子酶，它能促使芥子酸分解成有毒物质，因此喂量不宜过多，一般在 5%以下。

⑤鱼粉。肉鸡最好的动物性蛋白饲料，营养价值高，必需氨基酸含量全面。优质鱼粉粗蛋白质含量高于 60%，含盐量低于 2%，水分在 12%以下。用量一般占日粮的 5%～12%。

⑥血粉。是动物的血经过蒸煮、压榨、干燥而制成的褐色粉末饲料。粗蛋白质含量高达 70%～80%，富含赖氨酸，但缺少蛋氨酸、胱氨酸和异亮氨酸，且溶解度低、不易消化，应与其他蛋白饲料混合使用，一般不超过日粮的 3%为宜。

⑦肉骨粉。利用屠宰场加工副产品及病畜尸体，经高压蒸煮、脱脂、干燥、粉碎而成的饲料，其营养价值随动物种类、加工方法不同而有较大差别。一般含粗蛋白质 40%～60%，粗脂肪 7%～14%。用量可占日粮的 10%～15%。

⑧羽毛粉。利用禽类羽毛经高压、水解加工制成，粗蛋白质含量达 85%，但缺少蛋氨酸、赖氨酸、色氨酸和组氨酸等几种必需氨基酸。因此只宜少量搭配，约占日粮的 3%。

⑨蚕蛹。含脂肪较多，应脱脂后才可使用。干蚕蛹经加工成蚕蛹粉，含粗蛋白质 60%左右，配在日粮中喂肉鸡可占 3%～5%。因蚕蛹有一股腥臭味，所以肉仔鸡在屠宰前 1 周应停止使用，以免影响肉的风味，产生异味。

（3）青绿饲料　营养全面、适口性好、容易消化、成本低，是农村养肉鸡补充其维生素的重要来源。维生素含量丰富，尤以叶片中含量最多，叶柄次之。由于新鲜青绿饲料水分含量较高，故用量不宜太大，以免引起下痢和影响肉鸡育肥。青绿的树叶、草叶等经烘干、粉碎便成为优质草粉或叶粉，如苜蓿草粉、槐树叶粉等都是良好维生素补充饲料，一般可占日粮的 2%～5%。

（4）矿物质饲料　在天然饲料中矿物质含量不足，或某些元素不平衡时，应注意在日粮中补充矿物质饲料，尤其对高产的肉种鸡和生长发育快的肉仔鸡更应注意补充。常用的矿物质饲料主要有：

①石粉。含钙量为35%～38%。用量一般占日粮的1%～3%，肉种鸡产蛋期可达5%。

②贝壳粉。含钙量38%左右。一般占日粮的1%～3%，产蛋期肉种鸡可达5%。

③骨粉。含钙约30%，含磷15%左右，用量一般占日粮的1%～2.5%。

④磷酸钙或磷酸氢钙。在日粮中添加2%～3%。但应注意含氟和含矾量太高的磷酸盐（即磷矿石）不宜作饲料用。

⑤食盐。在配制日粮时要根据饲料中实际含盐量，再考虑食盐的添加量，避免食盐过量或不足。一般用量不超过日粮的0.38%。

（5）添加剂饲料　为了促进肉鸡正常生长，提高生产性能，在肉鸡饲养中，普遍使用添加剂，如氨基酸、维生素、微量元素、抗氧化剂、防霉剂、酶制剂和着色剂等。

添加的种类和用量应根据实际需要确定，如大部分饲料日粮中，维生素和微量元素不完全或含量不足，应添加适当比例多种维生素和微量元素添加剂，一般占日粮0.05%～0.10%。15～40日龄肉鸡日粮中，应加适量抗球虫药。多雨潮湿的夏季常加防霉剂。

添加剂加入饲料中一定要充分搅拌、混合均匀。肉鸡上市前，饲料中不应含有任何药物。

29. 应用饲料营养成分要注意什么？

要设计肉鸡饲料配方，就要参阅饲料营养成分表。我国发布了《中国饲料成分及营养价值表（2013年第4版）》。

应用饲料营养成分表要注意：

（1）实际选用的饲料原料，由于品质、加工过程、产地、贮藏、含水量等与饲料营养成分表中对应的饲料原料有差异，那么，它们之间就必然存在一定差异。饲料营养成分表中对应的饲料原料的数据只能做参考。选用的饲料原料的数据必须进行测定。

（2）饲料营养成分表经常会更新，会变动。要参阅最新发布的饲料营养成分表。

30. 饲料中抗营养因子有哪些及如何消除？

将饲料中对营养物质的消化、吸收和利用产生不利影响的物质以及影响畜禽健康和生产能力的物质，统称为抗营养因子。

饲料原料中主要抗营养因子有：

（1）蛋白酶抑制因子　主要存在于豆类、花生等及其饼粕内，也存在于某些谷实类块根、块茎类饲料中。目前在自然界中已经发现有数百种的蛋白酶抑制剂，它们可抑制胰蛋白酶、胃蛋白酶和糜蛋白酶的活性。

胰蛋白酶抑制因子的抗营养作用主要表现在以下两方面：一是与小肠液中胰蛋白酶结合生成无活性的复合物，降低胰蛋白酶的活性，导致蛋白质的消化率和利用率降低；二是引起动物体内蛋白质内源性消耗。因胰蛋白酶与胰蛋白酶抑制剂结合后经粪排出体外而减少，小肠中胰蛋白酶含量下降，刺激了胆囊收缩素分泌量增加，使肠促胰酶肽分泌增多，反馈引起胰腺机能亢进，促使胰腺分泌更多的胰蛋白酶原到肠道中。胰蛋白酶的大量分泌造成了胰腺的增生和肥大，导致消化吸收功能失调和紊乱，严重时还出现腹泻。由于胰蛋白酶中含硫氨基酸特别丰富，故胰蛋白酶大量补偿性分泌，导致了体内含硫氨基酸的内源性丢失，加剧了由于豆类饼粕含硫氨基酸短缺而造成的体内氨基酸代谢不平衡，使家禽生长受阻和停滞，甚至发生疾病。

（2）植物凝血素　主要存在于豆类籽粒、花生及其饼粕中。大多数植物凝集素在消化道中不被蛋白酶水解，对糖分子具有高度的亲和性，其分子亚基上的专一位点，可识别并结合红细胞、淋巴细胞或小肠壁表面的特定细胞外的多糖糖基受体，破坏小肠壁刷状缘黏膜结构，使得绒毛产生病变和异常发育，并干扰多种酶（肠激酶、碱性磷酸酶、麦芽糖酶、淀粉酶、蔗糖酶、谷氨酰基和肽基转移酶等）的分泌，导致糖、氨基酸和维生素 B_{12} 的吸收不良以及离子运转不畅，严重影响肠道的消化吸收，使动物对蛋白质的利用率下降，生长受阻甚至停滞。由于损伤，肠黏膜上皮通透性增加，使植物凝集素和其他一些肽类以及肠道内有害微生物产生的毒素进入体内，对器官和机体免疫系统产生不良影响。植物凝集素引起肠内肥大细胞的去颗粒体作用，血管渗透性增加，使血清蛋白渗入肠腔。植物凝集素能影响脂肪代谢，还显著颉颃肠道产生 IgA，多数受损伤后的小肠壁表面对肠道内的蛋白水解酶有抗性。

（3）多酚类化合物　如单宁、酚酸、棉酚等，存在于豆科、油料和禾本科作物的籽实中。

单宁又称鞣酸，是水溶性多酚类物质，味苦涩，主要存在于高粱、油菜籽中，分为具有抗营养作用的缩合单宁和具有毒性作用的可水解单宁。缩合单宁是由植物体内的一些黄酮类化合物缩合而成。高粱和菜籽饼中的单宁均为缩合单宁，它使菜籽饼颜色变黑，产生不良气味，降低动物的采食量。缩合单宁一般不能水解，具有很强极性而能溶于水。单宁以羟基与胰蛋白酶和淀粉酶或其底物（蛋白质和碳水化合物）反应，从而降低蛋白质和碳水化合物的利用率；还通过与胃肠黏膜蛋白质结合，在肠黏膜表面形成不溶性复合物，损害肠壁，干扰某些矿物质（如铁离子）的吸收，影响动物的生长发育。单宁既可与钙、铁和锌等金属离子化合形成沉淀，也可与维生素 B_{12} 形成络合物而降低它们利用率。

酚酸包括对羟基苯甲酸、香草酸、香豆素、咖啡酸、芥子酸、丁香酸、原儿茶酸、绿原酸和阿魏酸等。它们的酚基可与蛋白质结合而形成沉淀，降低蛋白质的利用率；也能和钙、铁、锌等离子形成不溶沉淀，降低这些矿物质的利用率。

棉籽中含有棉酚、棉籽酚、二氨基棉酚等，游离棉酚为棉籽色腺的主要组成色素，属多酚二萘衍生物，是细胞、血管及神经毒素。含活性醛基和活性羟基的游离棉酚的酚基或酚基氧化产物醌基，可以和饲料中蛋白氨基酸残基的活性基团（如赖氨酸的ε-氨基、半胱氨酸的巯基）结合生成不溶性复合物，并且还可以与消化道中的蛋白质水解酶结合，抑制其活性，由此降低了蛋白质的利用率。游离棉酚对胃肠黏膜有刺激作用，引起胃肠黏膜发炎和出血，并能增加血管壁的通透性，使血细胞和血浆渗出到外周组织，致受害组织发生血浆性浸润。它还可与蛋白质和铁结合，损害血红蛋白中铁的作用，引起肉鸡缺铁性贫血。棉酚使机体严重缺钾，能导致低钾麻痹症，肝、肾细胞及血管神经受损，中枢神经活动受抑，心脏骤停或呼吸麻痹。游离棉酚溶于磷脂后，在神经细胞中积累，导致神经细胞的功能发生紊乱。日粮中的游离棉酚浓度高于100毫克/千克时，可导致公鸡睾丸严重损伤，抑制成熟的卵泡分泌雌二醇和孕酮，造成卵巢萎缩、卵子破裂，严重者可失去排卵功能而丧失繁殖能力，并抑制生长、降低饲料效率，机体的维生素A代谢障碍、发生消化、呼吸、泌尿等黏膜的炎症和变性，甚至导致眼炎和失明。

（4）α-淀粉酶抑制因子　主要存在于谷物中（大麦、小麦和燕麦等）。α-淀粉酶能将大分子的淀粉水解成中等和低分子物质，产生大量的非还原性末端，有利于糖化酶进一步水解为能被动物直接利用的葡萄糖，为动物提供能量。而α-淀粉酶抑制因子能阻止α-淀粉酶从淀粉分子内部水解α-1，4糖苷键，使淀粉不能全部水解成中、低分子产物，影响动物对淀粉的消化。

（5）植酸　植酸广泛存在于植物体内，在禾谷籽实的外层（如麦麸、米糠）中含量尤其高；豆类、棉籽、油菜籽及其饼粕中也含有植酸。植酸，即肌醇-6-磷酸酯，其磷酸根可与多种金属离子（如 Zn^{2+}、Ca^{2+}、Cu^{2+}、Fe^{2+}、Mg^{2+}、Mn^{2+}、Mo^{2+} 和 Co^{2+} 等）螯合成相应的不溶性复合物，形成稳定的植酸盐，而不易被肠道吸收，从而降低了动物体对它们的利用，特别是植酸锌几乎不为畜禽所吸收，若钙含量过高，形成植酸钙锌，更降低了锌的生物利用率。植酸可结合蛋白质的碱性残基，抑制胃蛋白酶和胰蛋白酶的活性，导致蛋白质的利用率下降。植酸盐还能与内源淀粉酶、蛋白酶、脂肪酶结合而降低它们的活性，使整个日粮的消化受到影响。常用植物性饲料中的磷大约有 2/3 是以植酸磷的形式存在的，因家禽的消化道中缺乏植酸酶，而不能利用它们。

（6）糖苷　油菜、芥菜及其其他十字花科植物及油饼中含有的抗营养因子以硫葡萄糖苷（芥子苷）为主，通常以钾盐形式存在，本身无毒，在芥子水解酶的作用下，产生有毒的噁唑烷硫酮、异硫氰酸酯和硫氰酸酯等。噁唑烷硫酮影响机体对碘的利用，阻碍甲状腺素的合成，引起腺垂体的促甲状腺素分泌增加，导致甲状腺肿大，同时还影响肾上腺皮质和脑垂体，使肝脏功能受损，引起新陈代谢紊乱，影响蛋白质、氨基酸的生物合成，造血功能下降和贫血。此外还抑制生殖系统发育，破坏繁殖机能，使蛋的保存品质下降，不同程度地影响家禽的生长发育，甚者导致中毒死亡。异硫氰酸酯有辛辣味，长期或大量饲喂会引起肠炎。

（7）非淀粉多糖　谷实类籽粒细胞壁主要由非淀粉多糖组成。非淀粉多糖是除淀粉以外的多糖类物质，有戊聚糖、β-葡聚糖、果胶、葡萄甘露聚糖、半乳甘露聚糖、鼠李半乳糖醛酸聚糖、阿拉伯糖、半乳聚糖和阿拉伯半乳聚糖等。它们抗营养作用的主要原因是溶于水后具有的高度黏性。家禽采食后，增加了肠道食糜的黏度，由于体内不能产生降解它们的酶类，降低了胃肠道运动对食糜的混合效率，从而影响消化酶与底物接触和消化产物向小肠上皮绒毛渗透扩散，阻碍酶对饲料的消化和养分的吸收。非淀粉多糖还可与消化酶或消化酶活性所需的其他成分（如胆汁酸和无机离子）结合而影响消化酶的活性。另外，引起肠黏膜形态和功能的变化，导致雏禽胰腺肿大。由于非淀粉多糖是细胞壁的组成成分，不能被消化酶水解，大分子消化酶也不能通过细胞壁进入细胞内，因而对细胞内容物形成一种包被结构，使得内容物不能被充分利用。

（8）抗维生素因子　抗维生素因子的化学本质和结构有多种类型。

脂氧化酶，广泛存在于高等植物体内，与植物的生长发育、植物的衰老、脂质过氧化作用和光合作用等有关。它是一种含非血红素铁的蛋白质，专一催化具有顺、顺-1，4-戊二烯结构的多元不饱和脂肪酸加氧反应，氧化生成具有共轭双键的过氧化氢物，过氧化氢物又将脂肪中的维生素 A、维生素 D 和维生素 E 等脂溶性维生素及胡萝卜素破坏。过氧化氢物与大豆中凝集素的形成有关，使维生素 B_{12} 的消耗量增加，长期饲喂全脂大豆的动物易发生维生素缺乏症，肉鸡的反应最为敏感。脂肪氧化酶与脂肪反应生成较多的乙醛，使破碎后的大豆带豆腥味，影响大豆的适口性。

硫胺素酶，在贝类和淡水鱼的内脏中含量较多，肌肉中含量少，可以分解维生素 B_1。

（9）芥酸　油菜、芥菜、其他十字花科植物种子及其油饼中含有芥酸，能导致精子不成熟，引起生殖功能障碍，饲喂时应作处理或限制用量在 5%以内。

芥子碱是芥酸的胆碱酯，有苦味，影响菜籽饼的适口性。缺乏三甲胺氧化酶的褐壳蛋鸡采食芥子碱后，芥子碱在肠道内转变的三甲胺不能被继续氧化而沉积于蛋中，使鸡蛋出现鱼腥味。

饲料原料中抗营养因子的处理方法主要有：

（1）物理方法

加热法。有干热法的烘烤、微波辐射和红外辐射等，湿热法的蒸煮、热压和挤压等。几种方法可以结合使用，如浸泡蒸煮、加压烘烤、加压蒸汽处理和膨化等。通过微波磁场（波长 1～2 纳米）使原料中的极性分子（水分子）震荡，将电磁能转化为热能，从而灭活饲料（如大豆和花生饼粕等）中的蛋白质毒素和抗营养因子。处理效果与原料中水分的含量和处理时间相关。水分低，则胰蛋白酶抑制因子的残留量高。一般加热 15 分钟，胰蛋白酶抑制因子的活性可降低 90%。

机械加工法。非淀粉多糖、单宁、木质素和植酸等抗营养因子主要集中于禾谷籽实的表皮层，通过机械去壳处理，可除去高粱和蚕豆的种皮中大部分单宁。

水浸泡法。利用某些抗营养因子溶于水的性质将其除去。缩合单宁溶于水，将高粱用水浸泡再煮沸可除去 70%的单宁。可以通过水浸泡而除去麦类中的非淀粉多糖。但此法易引起营养物质，如可溶性蛋白质和维生素的损失，因而很少采用。将豆类籽实浸泡在水（或盐水、碱水）中煮一定时间（10～20 分钟）晾干后，虽蚕豆和豌豆中的胰蛋白酶抑制因子和植物凝集素全部被灭活，但同时饲料中部分养分也随之丢失。

（2）化学钝化法　在饲料中加入一定量某种化学物质，在一定条件下处理，使抗营养因子失活或活性降低。

以 5%～6%的尿素加 10%～20%水，在常温下处理生大豆 20～30 天，可破坏其中胰蛋白酶抑制因子的二硫键，而使其灭活。也可以用亚硫酸钠、半胱氨酸以及 H_2O_2 加 $CuSO_4$ 来进行处理。

硫葡萄糖苷的水解产物可用硫酸铜灭活，其他金属如铁、镍、锌的盐类也能去除硫葡萄糖苷的水解产物。硫酸亚铁中的亚铁离子能与游离棉酚结合，使之失去活性。

用1%硫酸亚铁处理菜籽粕，肉仔鸡采食处理菜籽粕，其甲状腺肿大可显著减轻，日增重和饲料效率也提高了。按照棉酚重量添加 1∶1 的硫酸亚铁，或在每 100 千克棉籽饼中添加 1 千克硫酸亚铁处理棉籽饼，可降低棉酚的毒性。采用限制喂量和间歇饲喂，并补充青绿饲料或添加多维，可减少棉酚的负面效应。还可以用碱法、生物发酵等法对棉籽饼进行脱毒处理。

饲料中加入适量的蛋氨酸或胆碱作为甲基供体，可促进单宁甲基化作用，使其经代谢排出体外；或加入聚乙烯吡哆酮、吐温80、聚乙二醇等非离子型化合物，与单宁形成络合物，避免单宁与饲料中的蛋白质和动物体内的内源性蛋白质结合。

在使用化学钝化法时，应根据饲料原料的情况合理选用化学钝化剂，严格控制用量，避免其残留对动物产生毒作用及副作用。

（3）酶处理方法　酶水解法。热水浸泡粉碎的谷粒或糠麸，饲料中的内源性植酸酶、戊聚糖酶对相应底物产生酶解作用，可消除其抗营养作用，生成的盐和非淀粉多糖分解成的小分子聚合物还能作为底物被利用，提高了营养价值。

饲料中添加的酶制剂有单一酶制剂和复合酶制剂。

植酸酶是应用最广泛的单一酶制剂。饲料中加入适量植酸酶，可使植酸对金属离子的螯合作用消除，又可使植酸生成磷酸盐被动物吸收利用。添加植酸酶可降低蛋鸡日粮中无机磷的添加量，增加钙、镁、磷等在体内的沉积。

复合酶制剂是由一种酶制剂为主体，加上其他一些单一酶制剂混合而成的，可以同时降解多种需要降解的底物（抗营养因子或营养成分），能最大限度地提高饲料营养价值。由β-葡聚糖酶、果胶酶、阿拉伯木聚糖酶、甘露聚糖酶、纤维素酶组成的非淀粉多糖酶，就能对多种饲料起作用。可以根据原料的不同来选择合适的复合酶。例如，大麦（燕麦）-豆粕型饲粮添加以β-葡聚糖酶和果胶酶为主，辅以纤维素酶和α-半乳糖苷酶的复合酶，可以提高饲料养分的利用率。添加β-葡聚糖酶能提高大麦＋豆粕日粮的粗蛋白、能量和大部分氨基酸的消化率；也能提高小麦＋豆粕日粮的能量消化率。而在含有米糠、麦麸和次粉的日粮中则考虑添加具有阿拉伯木聚糖酶的酶制剂。

（4）微生物处理法　利用微生物的发酵可以对银合欢中的含羞草素、饲料中的亚硝酸盐、游离棉酚、羽扇豆中的生物碱、苜蓿中的皂苷、草木樨中的双香豆素等进行消除处理。一些细菌和真菌可消除硫葡萄糖苷及其降解产物的抗营养作用。

31. 肉鸡饲料配方设计的原则有哪些？

肉鸡饲料配方设计遵循的原则主要有：

（1）合法性　肉鸡饲料配方的所有构成成分及其比例必须符合我国最新的饲料产品质量法规、饲料中药品使用法规、食品卫生法规等。

（2）科学规范　肉鸡饲料配方设计必须依据肉鸡品种的生长发育规律和特点、营养需求量、饲养条件、饲养方式、季节、气候特点、海拔高度等。

（3）经济效益　肉鸡饲料配方设计必须尽可能降低饲料成本，必须考虑饲料原料的价格、品质和供应量。

（4）产品特色要求　肉鸡饲料配方设计必须适应肉鸡产品品质特点、屠宰要求、居民消费需求。

32. 如何设计肉鸡的饲料配方？

依照肉鸡饲料配方设计的原则，参考最新的肉鸡营养需要标准，选定配方中的饲料原料。

精确计算饲料配方中各种原料的比例，可以采用计算机计算法及手工计算法。

采用计算机求解饲料配方，具有快速、精确的特点，还可以优选出最低成本配方。饲料配方计算机软件有：超级精确饲料配方计算系统、三新智能配方系统、CMIX 饲料配方系统、饲料配方大师 2010 等。

手工计算法求解饲料配方，需要一定经验，运算烦琐、精度比较差。有试差法和公式法。具体计算过程请参阅有关书籍。

33. 优质黄羽肉鸡的日粮配制有何特点？

优质黄羽肉鸡上市日龄一般在 70 天，体重在 1.3～1.5 千克。优质黄羽肉鸡生长速度和体重明显低于快大型肉鸡；优质黄羽肉鸡采食量和能量需求量明显低于快大型肉鸡；优质黄羽肉鸡的蛋白质、钙、磷、微量元素、维生素的需求量略低于快大型肉鸡。根据这些差异及优质黄羽品系特点，来设计优质黄羽肉鸡的饲料配方。优质黄羽肉鸡的饲料配方还要在实际生产应用中不断检验和修正。

六、肉用种鸡的饲养管理

34. 肉用种鸡的饲养管理划分为几个阶段?

依据肉用种鸡的生长发育及生产特点，全期的饲养管理可分为三个阶段：育雏期、育成期和产蛋期。

快大型肉用种鸡的育雏期、育成期和产蛋期分别为：

育雏期，从出壳到 35 日龄。

育成期，从 36 日龄到产蛋前二周。

产蛋期，产蛋前二周到淘汰（约 66 周龄）。

35. 肉用种雏鸡有哪些生理特点?

肉用种雏鸡的生理特点有：

(1) 初生雏的体温较成年鸡低 2～3℃，4 日龄开始慢慢上升，到 10 日龄时达到成年鸡体温。到 3 周龄左右，体温调节机能趋于完善。7～8 周龄才具有适应外界环境温度变化的能力。

雏鸡表皮长满绒毛，但很稀疏，保温性能差，难于形成隔热层。可是，在外界高温环境的忍耐上，雏鸡又比成鸡强。

鸡的皮下脂肪层是隔热层。雏鸡的表层组织薄，呈半透明状，皮下未形成脂肪沉积层，尤其是腹部，几乎可以透过表皮看到剩余的卵黄。而成鸡既有较厚的表皮组织，又有较厚的皮下脂肪层，还有坚实的肌肉纤维组织，成鸡的产热与防散热（抗低温）能力，都是雏鸡所无法比拟的。

因此，肉用种雏鸡对环境温度特别敏感，容易受寒。在饲养管理上，要特别注意保温。

（2）肉用种雏鸡的嗉囊和肌胃及肠道的容量小，进食量有限，消化腺也不发达（缺乏某些消化酶），肌胃研磨能力差，消化能力弱。因此，要注意喂给纤维含量低、营养全面养分充足、易消化饲料，要少喂勤添。

（3）肉用种雏鸡生长迅速，代谢旺盛。雏鸡代谢旺盛，心跳快，每分钟脉搏可达 250～350 次，刚出壳时可达 560 次/分。安静时单位体重耗氧量比家畜高 1 倍以上，雏鸡每小时单位体重的热产量为每克体重 22.99 焦，为成鸡的 2 倍。因此，既要保证雏鸡的营养需要，又要保证良好的空气质量。

（4）肉用种雏鸡免疫机能较差，抗病力弱。约 10 日龄才开始产生自身抗体，产生的抗体较少，出壳后母源抗体也日渐衰减，3 周龄左右母源抗体降至最低，故 10～21 日龄为危险期。雏鸡对各种疾病和不良环境的抵抗力弱，对饲料中各种营养物质缺乏或有毒药物的过量反应敏感。因此，要做好疫苗接种和药物防病工作，搞好环境净化，保证饲料营养全面，投药均匀适量。

（5）雏鸡胆小，易受惊吓，合群性强，缺乏自卫能力。各种异常声响以及新奇的颜色都会引起雏鸡骚乱不安。因此，育雏环境要宁静，安置野兽侵害设施。

36. 肉用种鸡的育雏方式有哪几种？

肉用种鸡的育雏方式主要有：地面平养方式、小床网上平养方式、大床网上平养方式、直立式多层鸡笼饲养方式。

地面平养方式，饲养量大，设备投资比较少，但垫料要经常定期更换，以免发生球虫病。

小床网上平养方式，这种小床由底网、四周围网及床架构成，一般长 2 米，宽 1 米，四周围网高 0.5 米，底网离地面 0.5 米。容易做卫生，方便饲养管理。

大床网上平养方式，这种大床面积比小床大得多，可以将一个很大的鸡舍分割建成许多大床。每个大床由底网、侧网组成，侧网高0.7米，底网离地面0.5米，面积在10～20米^2。建设投资比小床网上平养方式要少，饲养量更大。

直立式多层鸡笼一般为三层或四层，由笼架、龙体、承粪盘组成，离地30厘米起，层高40厘米。占地少，投资较大，通风要好，清洁卫生工作量大。可以养小鸡、中鸡、大鸡。

37. 育雏前应做好哪些工作？

育雏前应做好：

（1）鸡舍及所用设备的维修，保证鸡舍完好及所用设备的正常运行。

（2）全面彻底消毒。彻底清洗鸡舍地面和墙壁、小床网、大床网、鸡笼及一些设备，然后用适宜消毒剂全面消毒处理。地面和墙壁用火焰消毒器喷射消毒。

（3）准备好料槽、饮水器、垫料及全价饲料。

（4）鸡舍及鸡舍内所用设备和用具全部整理到位后，在进鸡苗前7天，进行密闭熏蒸消毒。可采用每立方米空间使用14克高锰酸钾、加入28毫升福尔马林、28毫升水，密闭熏蒸消毒24小时。

（5）鸡舍试温运行，在进鸡苗前24小时，以某种取暖方式对鸡舍进行加温，逐渐达到33～35℃，并要保持稳定。

38. 如何挑选肉用种雏鸡？

优质雏鸡的表现：眼大有神，向外突出，随时注意环境动向，反应灵敏，叫声洪亮，活泼好动；绒毛长度适中、整齐、清洁、均匀而富有光泽；肛门附近干净，察看时频频闪动；腹部大小适中、平坦；收缩良好；脐部愈合良好，干燥，有绒毛覆盖，无血迹；喙、腿、趾、翅无残缺，发育良好。抓握在手中感觉有挣扎力。

劣质雏鸡的表现：精神萎靡，缩头闭目，腿脚干瘪，站立不稳，对周围环境及音响反应迟钝，叫声微弱或嘶哑，不爱活动、怕冷；绒毛蓬乱玷污，缺乏光泽，有时绒毛极短或缺失；肛门周围粘有黄白色稀便，腹部膨大、突出，表明卵黄吸收不良；脐部愈合不好，湿润有出血痕迹，缺乏绒毛覆盖，明显裸露；抓握在手中感觉无挣扎力。

39. 如何饲养管理好肉用种雏鸡？

饲养管理好肉用种雏鸡主要做好以下几方面的工作：

（1）控制好鸡舍温度　是育雏成败最关键方面，要尽全力保证鸡舍温度达标并维持稳定。各周龄雏鸡对温度的要求：第1周龄32～35℃，第2周龄29～33℃，第3周龄26～29℃，第4周龄24～27℃，第5周龄21～24℃。所列温度是指离地面或底网面5～10厘米高处用温度计测量的数据，也是雏鸡实际感受的温度数字。温度适宜，雏鸡自由自在、活泼好动、食欲旺盛、睡眠安静、睡姿自然，鸡群疏散、不扎堆。

（2）充分供应卫生饮水，让雏鸡自由饮用，要防止雏鸡被水淋湿而受凉。

（3）投喂饲料　雏鸡出壳后的饮水和摄食，越早越好，一般不能晚于36小时。要求喂雏鸡全价颗粒饲料。投喂次数，1～14日龄4～6次，15～28日龄3次，五周龄2次。饲喂量大致是：1、2、3、4、5周龄分别为15、18、30、35、40克。

（4）作好通风换气，降低舍内氨气、二氧化碳等浓度，增加空气新鲜度。换气时，还要保持舍内温度稳定。

（5）光照要适度　密闭式鸡舍，第1周采用24小时照明，第2周采用12小时照明，第3～5周采用8小时照明。光照强度，第1周，每20米^{2}离雏鸡2.4米处悬挂一个60～100瓦灯具，第2周以后更换为45瓦灯具。

（6）密度要适当　一般密度，地面平养，第1、2、3、4、5周分别为50、30、25、20、15只/米^2。网上平养比地面平养密度增加20%～30%，笼养比地面平养密度增加1倍。

（7）适时断喙　断喙可以防止鸡的啄癖症，避免鸡挑食，浪费饲料。断喙时间一般在10日龄前后。使用断喙器或200瓦电烙铁。要求断去上喙前1/2，下喙前1/3。断喙时要及时止血。

40. 育成期肉用种鸡有哪些生理特点？

育成期的肉种鸡生长发育持续加快。由于优质肉鸡属于肉用类型，其种鸡同样具有肉鸡前期生长遗传倾向，在12周龄以前，生长速度和体重增长快，饲料利用能力高，易于沉积脂肪。如果供给充足的饲料，就将导致体重过大、过肥，生殖器官发育不良，影响以后的产蛋量和受精率。

育成期的肉种鸡消化能力逐渐增强，采食量与日俱增，骨骼、肌肉和内脏器官等组织处于发育旺盛时期。同时，性器官和性机能也迅速发育，公鸡在6周龄以后，鸡冠迅速红润，啼鸣，母鸡卵泡逐渐增大。至育成后期性器官的发育更加迅速。如不加以控制，最早的会在15周龄后即出现初产蛋。因此，在这个阶段，饲养管理的目标在于保证骨骼、肌肉和内脏器官正常发育的前提下，严格控制性器官过早成熟，以保证开产后达到较高的生产性能。

41. 为什么要对育成期的肉用种鸡实行限制饲养？

育成期的肉用种鸡实行限制饲养主要目的是控制肉用种鸡生长速度，控制体重过快增长，控制体脂过多沉积，推迟体成熟时间，保证生殖系统按时发育成熟。如果不进行严格限制饲养，它们会严重超重，都会成为食用肉鸡，而非种用肉鸡。

42. 育成期肉用种鸡限制饲养方法有哪几种？

肉种鸡限制饲喂一般从 5 周龄开始，常用三种方法对肉用种鸡在育成期进行限制饲养。

限制饲养方式有每日限饲、隔日限饲和每周限饲。

每日限饲法：每天喂给限定数量的饲料，规定饲喂次数和采食时间。此法对鸡只应激较小。适用于幼雏转入育成期前 2～4 周和育成鸡转入产蛋鸡舍前 3～4 周（20～21 周龄）时。也适用于高速喂料机械。

隔日限饲法：把两天规定的饲料量合在一起，一天饲喂，一天停喂。此法限饲强度较大，适用于生长速度较快、体重难以控制的阶段，如 7～11 周龄。另外，体重超标的鸡群，特别是公鸡也可使用此法。但是要注意两天的饲料量总和不能超过高峰期用料量。同时应于停喂日限制饮水，防止鸡群在空腹情况下饮水过多。

每周限饲法：每周限定的饲料量分成 5 份，喂 5 天，停喂 2 天，周日和周三不喂。此法限饲强度较小，一般用于 12～19 周龄。

43. 肉用种鸡限饲应注意哪些问题？

肉用种鸡限饲应注意以下几方面：

（1）做好饲养环境的控制　对肉用种鸡进行限饲通常采用数量限饲。在这种情况下，因鸡的采食量受到了控制，一半左右的鸡便对饮水发生兴趣，大量的饮水及颈部羽毛带出来的水很容易导致舍内垫料的潮湿。粪便在高湿度的条件下发酵产生氨气、硫化氢等有害气体，如果通风不良，这些有害气体蓄积会造成环境的恶化。潮湿的垫料还是寄生虫卵繁殖发育的场所。应做好环境的控制。一是对鸡群进行限水，除高温季节外，喂料日喂料前1小时供水，至料吃完后1小时停水，不喂料日分三次供水，每次1小时。二是注意通风，勤换垫料，不使粪便过多蓄积而发酵。

（2）避免引发营养缺乏症　对限饲阶段的种鸡，如果仍然按常规浓度添加维生素、矿物质等鸡生长发育的必要成分进行饲喂，因采食量不足，必然引起一些必需物质的摄入减少，时间一长即可引起某些营养缺乏症。常见的有营养性瘫痪、神经症状、啄癖、生长不良等，在鸡受到应激时表现更明显。针对这种情况，在配制育成期种鸡饲料时一定要注意以下几点：选用优质添加剂。增加添加剂用量，如维生素的用量可在正常基础上增加30%。应激时维生素、矿物质的用量加倍。

（3）提高药物使用效果　一般药物的使用量范围是根据鸡的正常采食量等因素推算而来，限饲期如果按正常的药物使用浓度将药物添加剂加到饲料中，会因采食量减少导致药物吸收量减少，使药物的治疗和预防作用发挥不了。

（4）防范因抢食造成鸡群压死　种鸡在限饲期表现出强烈的饥饿感。当再次饲喂时，鸡群为了及早抢到食便会朝一处聚集，如不及时驱散便会发生种鸡压死。因此，喂饲时要力求速度快，并尽量在不见光时饲喂，喂料之前供应好充足饮水，且水源离食槽不要太远。

44. 如何分析肉用种鸡的均匀度？

对鸡群随机取5%～10%鸡只进行称重，以统计学方法计算，可以得到体重的平均值、标准差。

在所有称重鸡只的数据中：

列出体重低于数字（平均值乘以10%减去平均值）的鸡只

数，设为X。

列出体重高于数字（平均值乘以10%加上平均值）的鸡只数，设为Y。

列出体重在（平均值乘以10%减去平均值）与（平均值乘以10%减去平均值）之间的鸡只数，设为Z。

肉用种鸡的均匀度（±10%）＝Z÷（XYZ）×100%

肉用种鸡的均匀度数字越大，表明肉用种鸡整齐度越好，该鸡群的产蛋性能也就越好。

45. 如何控制肉用种鸡的均匀度？

肉用种鸡的均匀度与其产蛋性能有密切关系。均匀度高，鸡只整齐，产蛋性能就好。因此，必须想尽一切办法，提高肉用种鸡的均匀度。

母鸡在5周龄开始限制饲养。满5周龄时，对鸡群随机抽样5%鸡只进行称重，计算鸡群的平均体重和均匀度，为下周的限制饲养计划提供参考依据。以后固定于每周的这天，对鸡群随机抽样称重，计算鸡群的平均体重和均匀度。

在6周龄对全群鸡只进行称重和分群，将不同体重的鸡分为大（大于平均体重×110%）、中、小（低于平均体重×90%）三个群体，分开饲养。对超体重鸡群适当减少饲料量，限制增长速度。对体重明显偏轻鸡群适当增加饲料量，适度提高增长速度。

每周的固定时间，对鸡群抽样称重，计算鸡群平均体重和均匀度，结合该品种饲养手册上提供的周增重数据，制订下周的限制饲养计划。

到12周龄和17周龄时，对全群鸡只进行称重，将超体重鸡、体重明显偏轻鸡进行调群。

依据每周称重的统计分析结果，参考该品种饲养手册，制订和执行合理的限制饲养计划，是提高肉用种鸡的均匀度的有效方法。

46. 肉用种鸡产蛋期的饲养方式有哪几种?

肉用种鸡产蛋期的饲养方式主要有:

(1) 梯形叠层笼养　公、母鸡分开饲养，易于管理。采用人工授精方式，种蛋受精率更高，但工作量大。

(2) 地面平养　地面铺垫料平养，采用自然配种。垫料需要定期、频繁更换，干扰种鸡活动，工作量大，也可能带进一些病原体。

(3) 栅栏平养　以木条制成木栅栏，平铺在钢筋支架上，形成有小缝隙的平养构造。不需要垫料，鸡床面清洁干燥。但鸡脚趾瘤较多。自然配种时，母鸡不够平稳、容易滑倒，影响受精率。

(4) 栅栏加地面混养　鸡舍中间地带为地面，约占鸡舍总面积的 1/3，铺垫料平养，主要供种鸡活动，便于公鸡和母鸡进行自然配种。鸡舍两侧面为栅栏，约占鸡舍总面积的 2/3，供鸡活动，采食及产蛋。显著减少垫料量及更换工作量。

几种方式都有优势和不足。要依据本场经济实力及技术水平来做选择。

47. 如何实行种公鸡和种母鸡分开饲养?

公鸡和母鸡在饲料量需求和采食速度方面有差异，生长速度和性成熟方面也有很大差异，需要将它们分开饲养。

在雏鸡进鸡场时，就将雏公鸡和雏母鸡分开饲养。可以对雏公鸡和雏母鸡采用不同的料量饲喂，更有效地控制它们各自体重的增长速度。可以在育雏初期，给雏公鸡提供更多光照，促进其早期生长速度，以期获得比较大的骨架。公鸡的骨架大小与受精率之间有着密切关系。从7日龄起，依据目标体重，对公鸡加强饲养管理，以期达到适宜的骨架生长发育。雏公鸡和雏母鸡分开饲养还利于疾病控制。

雏公鸡和雏母鸡分开饲养，直到它们性成熟。采用梯形叠层笼养方式，一直可以采用。

不采用梯形叠层笼养方式，在23周龄时，选择已经性成熟公鸡放入母鸡群。公鸡和母鸡混群后，要采用公、母鸡分饲设备，供应饲料给公、母鸡分别采食。

48. 如何管理好产蛋期肉用种母鸡？

后备母鸡到2周龄，进入产蛋过渡期，大约2周后进入产蛋期。在产蛋期，所有工作的目的都是保证母鸡的健康状态、高产蛋率和高受精率。

产蛋期肉用种母鸡管理的基本要求：

（1）参考本品种的饲养管理指导手册，来制订饲养管理计划。

（2）饲料品质要好，微量元素和维生素要全面而充足，含钙量要达到产蛋需要，钙、磷比例适当。

（3）定量给料，防止鸡只过肥，影响产蛋。每日饲料量要依据产蛋率、舍内气温、母鸡平均体重、饲料能量等来确定，并根据使用效果做适当调整。

（4）训练鸡群不怕人打扰，以后捡蛋、更换垫料、人工授精等不会引起鸡的惊群。

（5）对笼养方式，要培训饲养员的人工授精技术，要达到熟练、规范、卫生，提高种蛋受精率。

（6）夏季炎热，室外气温高。密闭式鸡舍，可加强湿帘降温及通风换气，保证充足供水，以供应饮用冷水更好。鸡采食量下降，可适当降低饲料能量水平，提高饲料蛋白水平（增加1%～2%）。

（7）冬季寒冷，室外气温低。密闭式鸡舍，采用适宜的供暖设备进行供暖，使鸡舍温度保持在15～23℃。鸡能量需要量增加，可适当增加饲料能量水平，或提高饲料喂量。

（8）切实做好疫苗预防接种工作及落实疫病综合防治措施，保持鸡群健康、产蛋稳定。

49. 肉用种母鸡产蛋率大幅下降的主要原因有哪些？

在一定时间内，肉用种母鸡产蛋率出现大幅下降，一般指下降5%以上，都有某一种原因或几种原因。

引起肉用种母鸡产蛋率大幅下降的主要原因有：

（1）突然更换不同厂家的饲料、日粮中饲料组成成分突然改变、饲料发霉变质，均可引起产蛋率下降。剖检时卵巢、输卵管和其他内脏器官无明显变化。

（2）某些药物，如磺胺类药物、金霉素、丙硫苯咪唑等药物，对产蛋鸡有一定影响，甚至会导致产蛋率明显下降。有研究资料表明，用磺胺二甲嘧啶3～5天可导致产蛋率下降10%～20%。以0.01%金霉素拌料饲喂5天，产蛋率下降20%～30%。用丙硫苯咪唑（每千克体重30毫克）进行驱虫，产蛋率可下降30%左右。

（3）发生非典型新城疫　发病率和死亡率均较低，腹泻，少数伴有呼吸道症状，主要表现为产蛋率下降20%～40%，可持续2个月。病变不典型，剖见时常见卵泡充血和卵黄性腹炎，盲肠扁桃体和直肠黏膜出血。

（4）发生禽流感　本病的特点是临诊症状多样性，无季节性，不分品种和年龄均可发病。强毒株所致高致病性禽流感，传播快，3～5天全群感染发病，病程短（1～2天），发病率和死亡率可高达90%；产蛋率下降50%～70%，甚至停产。病鸡不食，呼吸道症状明显，冠、髯发紫，头部肿大，震颤或共济失调，脚鳞有紫色出血斑。剖检时有全身败血症病变，头部、颜面部皮下胶样或出血性水肿，腺胃出血、胰脏有出血、坏死，卵黄性腹膜炎和卵子严重充血。弱毒株所致低致病性禽流感，有消化道、呼吸道一般症状，产蛋率下降 15%～35%，且可持续 3～6 周；软壳蛋、畸形蛋增多、蛋壳色泽变浅；死亡率低于 15%。剖检时，较为常见的是输卵管炎（内有脓样或干酪样物）和卵黄性腹膜炎。

（5）发生传染性支气管炎　由传染性支气管炎病毒引起。产蛋鸡群发生本病时，突然发生、迅速传播，大部分病鸡出现明显的呼吸道症状（如咳嗽、喘气、呼吸啰音等）。约 1 周后上述呼吸道症状减轻，但随之出现产蛋率明显下降（下降 20%～50%），且可维持 2～4 周。产的蛋，蛋壳褪色变浅、畸形蛋、沙壳蛋增多；蛋清稀薄如水。发病母鸡很少发生死亡。

（6）发生传染性喉气管炎　由传染性喉气管炎病毒引起。产蛋鸡群发生时，产蛋率下降 10%～30%，可持续 4～8 周。最突出症状是病鸡有特殊的伸颈张口吸气姿势，强烈的咳嗽，咳出带血的痰或血凝块。

（7）发生传染性鼻炎　由鸡副嗜血杆菌引起。病鸡颜面部及眼睑明显肿胀，有时可见肉髯和下颌肿胀。流鼻液、甩头，鼻孔周围有鼻液痂痕。产蛋率下降 10%～40%。若无并发症，一般死亡或很少死亡。

（8）发生减蛋综合征　由腺病毒（减蛋综合征病毒）引起。本病多见于刚产蛋或刚进入产蛋高峰期的母鸡群。母鸡无任何临床症状，产蛋率突然下降 10%～40%，可持续 4～12 周。若在产蛋高峰期之前发生本病，则无产蛋高峰期出现。畸形蛋、薄壳蛋、软壳蛋增加，蛋壳色泽变浅。

（9）发生鸡痘　由禽痘病毒引起。产蛋鸡群发生鸡痘时，产蛋率下降 10%～40%，可持续 4～8 周，但一般无畸形蛋、软壳蛋增多或蛋壳褪色变浅的情况。皮肤型鸡痘，在鸡冠、肉髯等处有特征性丘疹样结节，一般不引起死亡。黏膜型鸡痘，在口腔、咽喉等黏膜表面有黄白色干酪样假膜附着，可因假膜脱落堵塞气管而窒息死亡。

（10）发生禽脑脊髓炎　由禽脑脊髓炎病毒引起，主要侵害1～2周龄幼龄鸡，以共济失调和全颈部震颤为主要特征。产蛋鸡感染，可出现暂时性产蛋量下降，产蛋率下降5%～10%，持续1～2周后可恢复原产量水平。采食量、粪便、呼吸等基本正常，无神经症状，蛋壳色泽无异常，一般无死亡。

（11）发生弯杆菌性肝炎　由空肠弯杆菌引起。产蛋鸡群发病，产蛋率明显下降，达25%～35%，可持续1周至数周。蛋外观无异常。死亡率2%～5%。剖检时，见肝脏肿大，有特征性星状或菜花样黄白色坏死区，被膜下常有出血，有的肝破裂出血，以致腹腔中有血凝块。

（12）强烈声响、惊吓、捕捉、突然停电熄灯、突然断水、免疫接种操作等，造成应激反应，可导致产蛋率突然下降。

50. 在配种期肉用种公鸡的饲养管理有哪些措施？

在产蛋期，饲养人员一般只会注重对母鸡的饲养管理。在产蛋期，种公鸡的饲养管理也为重要。只有培养品质良好的种公鸡，才能更好地提高种蛋的受精率。采取下述措施，能显著提高种蛋受精率和种鸡场的经济效益。

（1）公、母比例要适宜　在养鸡实际生产上，适宜的公、母鸡比例为1∶10。经过多年实践证明，此比例能减少公鸡间的争斗，能使地面散养方式的种蛋受精率保持在93%左右，使2/3棚架饲养方式的种蛋受精率保持在90%左右。产蛋期要始终保持这个比例。

（2）科学配制日粮　产蛋期因管理目标不同，公、母鸡应当喂给营养成分不相同的日粮。适当降低公鸡日粮中蛋白质含量

(14.5%～15.5%)，并在公鸡料中适时定量补充一些多维素、矿物质，如每吨公鸡料中补充40～60克硫酸锌，200～250克硫酸锰，经实践证明对提高受精率效果明显，提高精子的活力和质量，以满足公鸡的配种需要。

(3) 饲喂方法　饲喂时应当采取公、母鸡分饲的方法。母鸡使用自动喂料装置，配置限料板或限料网，以公鸡不能吃到料为准。公鸡则采用料桶给料。这种做法，可有效控制公鸡体重，使其在后期基本达标，防止因鸡体过肥而引起受精能力下降。

(4) 防止脚趾损伤　如果采用棚架饲养，则棚条的间距不超过3厘米，否则会损坏公鸡的脚趾，影响受精率甚至淘汰。

(5) 做好淘汰工作　及时淘汰公鸡群中所有鉴别错误、跛足、有生理缺陷、精子质量不好的公鸡。

(6) 制订公鸡替换方案　产蛋期鸡群中，因为公鸡的死亡及病弱淘汰，鸡群中的公、母鸡比例会下降，应及时补充。在鸡群40～46周龄时，可按比例加入青年公鸡，更换部分年老、较差的公鸡。不同批次的公鸡实行替换，可显著提高鸡群后期的受精率。为避免不同批次间鸡只疾病的传播，应对替换的公鸡先进行隔离饲养和观察。在天黑前1小时放入新公鸡，并均匀地分布配在整个鸡舍。

七、肉用仔鸡的饲养管理

51. 什么是肉用仔鸡？

肉用仔鸡是指用专门的肉用型品种鸡，进行品种和品系间杂交，然后用其杂交种，不分公、母鸡均用蛋白质和能量较高的日粮饲养，促进其快速生长育肥，在性成熟之前出栏上市。如快大型肉鸡品种艾维因肉鸡，商品鸡 42 日龄，公、母鸡平均体重 2.18 千克，49 日龄公母鸡平均体重 2.68 千克。而国内的培育品种粤禽皇 3 号鸡配套系，商品代肉鸡，15 周龄平均体重公鸡为 1.84 千克、母鸡为 1.72 千克。新浦东鸡，70 日龄平均体重，公鸡 2.17 千克，母鸡 1.70 千克。岭南黄鸡Ⅰ号配套系，商品代肉鸡 56 日龄平均体重，公鸡 1.40 千克，70 日龄平均体重，母鸡 1.50 千克。

肉用仔鸡具有以下特点：

（1）生长速度快　在正常饲养管理条件下，快大型肉鸡品种，6 周龄体重达 2 千克以上。杂交黄羽肉鸡，70 日龄平均体重，1.5～2.0 千克。

（2）饲料报酬高　随着科学技术的进步，肉仔鸡饲料报酬越来越高，其料肉比一般为 1∶1.8～2.8。而牛的料肉比最好的是 1∶5.0 以上，猪是 1∶3.0～3.5。

（3）饲养期短，适于规模饲养　一般在 6～12 周龄即可上市。而肥猪一般要饲养 6～8 个月，肉牛要饲养 18～24 个月。肉仔鸡饲养周期短，周转快，房舍和设备的利用率更高。而售出后，经 2 周打扫、清洗、消毒，又可进鸡。这样 8～14 周就可饲养一批肉鸡，一年可以饲养 4～5 批。如果一幢鸡舍一次养 1 万只，一年能生产近5万只。在养鸡设备比较好的条件下，一般饲养员可管理5千只，一栋鸡舍可以养1万只。饲养一批肉鸡，可以达到数千至数万只。在机械化、自动化程度高的饲养条件下，一批可养十几万只。

（4）肉品质好　肉用仔鸡的肉质细嫩多汁，蛋白质含量高、达24.4%，脂肪含量适度、达2.8%。胆固醇含量少。味道鲜美，营养丰富，是有益健康的食品。

（5）出栏体重整齐　肉鸡的整齐度好，是长期的育种和品种改良的成果。在同一日龄、同一饲养条件下，经过精心管理，可以得到消费者比较满意的整齐度。但公、母鸡体重差距比较大，一般实行公、母鸡分养，或采取公、母鸡出售日龄不同的办法。

52. 平养和笼养肉用仔鸡各有何利弊？

肉用仔鸡的饲养方法主要有三种。

（1）地面散养　最普遍使用的饲养方式，在平地上铺一层干净垫料，进行饲养。依据垫料更换方式不同可分为两种：一种是垫草需要更换时就全部更换，除去鸡粪，更换垫料工作量大；另一种是饲养中途不更换垫料，而是根据垫料的污染程度，间隔一段时间加上一层垫料，待仔鸡出售时一次全部清除，可以节省劳力，又由于垫草的发酵产生的热量可增加室温。平面饲养方式，喂水、喂料可用人工，也可使用半机械化。平面饲养的优点是投资比较少，设备简单，胸囊肿和腿部疾病比较少等；缺点是需要大量垫料，容易通过粪便传染疾病。

（2）网上平养　将鸡养在特制的网床上，网床由床架、底网及围网构成。可就地取材，木、竹、钢铁都可采用。网眼的大小是以鸡爪不进入而又可落下鸡粪为宜。如果采用金属网床，可采用12～14号镀锌铁丝制成。网眼大小为1.25厘米×1.25厘米。底网离地面50～60厘米。网床大小可根据鸡舍面积进行设计，但应留足够的走道，以便操作。采用网上平养，饲养密度比地面散养可以多50%～100%。网上平养管理方便，劳动强度小，鸡群与鸡粪接触少，可显著减少球虫病的发病率，但投资比较大，仔鸡胸囊肿的发病较多。为了减少肉用仔鸡胸囊肿的发病率，可在网上再铺一层弹性的方眼网或直接用尼龙底网。

（3）笼养　实际上是立体化养鸡。从出壳至出售都在笼中饲养。随日龄和体重增大，一般可采用转层、转笼的饲养方法。肉用仔鸡笼养方，便于机械化、自动化管理，鸡舍利用率高，燃料、垫料、劳力等成本都可降低，还可以有效控制球虫病等疾病，但笼养肉用仔鸡投资大，胸囊肿的发生率高，也会出现比较多的胸骨弯曲和软腿病等。但改进笼底材料结构，如具有弹性的塑料笼底，将会使肉用仔鸡胸囊肿发生率大为减少。

53. 为什么要实行全进全出制饲养肉用仔鸡？

肉用仔鸡的“全进全出制”即是一栋鸡舍内饲养同一批同一日龄的肉用仔鸡，全部雏鸡都在同一天引进，开食饲养，养到规定体重，在1～2天内全部出栏上市。

这种饲养制度简便易行，科学合理，在饲养期内管理方便，可采用相同的饲养管理方法，易于控制适当温度，便于机械化作业。

肉用仔鸡出售后，便于对鸡舍及其设备进行全面彻底的打扫、清洗、消毒，熏蒸消毒后密闭一周再重新接雏饲养。这样，能有效切断一些病原体循环感染的途径。

养鸡生产实践反复证明，实行“全进全出”的饲养制度，比“连续生产制”（在同一栋鸡舍里，几种不同日龄的鸡同时饲养），可取得更高的育成率、更低发病率、更高饲料转化率、更好经济效益。

54. 如何选择和管理肉用仔鸡的垫料？

选择肉用仔鸡的垫料要注意：垫料来源充足、运输方便、价格合理、柔软度适宜、干燥卫生。大多数选用谷壳，谷壳来源广泛，各地都有。

运输垫料的车辆一定不能带有某些威胁大的病原微生物。垫料也不能污染有某些威胁大的病原微生物。

垫料购买回来，存放在专用仓库，要防潮、防鼠等野生动物。如果有条件，使用前在太阳底下晾晒 1 天，或在一个专门房间进行熏蒸消毒处理。

55. 饲养肉用仔鸡分几个阶段？

快大型肉用仔鸡饲养阶段：

我国肉用仔鸡的饲养标准，采用两阶段饲养制，前期（0～4 周龄）和后期（5～8 周龄）。美国肉用仔鸡的饲养标准，采用三阶段饲养制，前期（0～3 周龄）、中期（4～6 周龄）和后期(7～8 周龄)。

杂交黄羽肉鸡，因品系不同，生长速度有很大差异，参考快大型肉用仔鸡饲养阶段，可分为前期、中期和后期。若 10 周龄上市，三阶段为前期（0～3 周龄）、中期（4～7 周龄）和后期（8～10 周龄）。

采用阶段饲养制，不仅使所提供的营养水平更接近于肉用仔鸡的实际需要量，也更有效地促进肉用仔鸡的生长速度，而且可以更经济地利用价格比较贵的蛋白质饲料原料。

高能量浓度的日粮。肉用仔鸡对不同能量浓度日粮的采食量具有一定的调节能力，日粮浓度高，采食量较少，日粮浓度低，采食量较多，但这种调节能力相对是很弱的。日粮能量浓度越高，其代谢能的进食量越高，增重越多，每千克增重的耗料量越少。从生物学、经济学角度综合考虑，肉仔鸡日粮的能量浓度在12.96兆焦/千克饲料以上较为理想，若受条件限制，0～4周龄和5～8周龄的日粮能量浓度可以分别降至12.12兆焦/千克和12.54兆焦/千克。不论能量浓度是高是低，进行阶段饲养时，就目前我国市场而言，各阶段能量浓度可以是相等的或是渐增的，应尽量避免递减趋势，以充分利用肉仔鸡前期形成的对低能量浓度日粮的适应性反应及生长的补偿作用。

56. 肉用仔鸡各阶段的饲养管理有何特点?

（1）肉用仔鸡生长前期（0～4周龄）的饲养管理要点：

保温是关系肉用仔鸡前期健康生长最重要的因素。想尽办法，提供适宜的环境温度。

第3～4周，鸡舍温度维持在16～22℃，在春秋季做好脱温工作。

精心做好首次供水、开食工作。

加强通风换气，保证鸡舍内空气新鲜。控制好鸡舍湿度及饲养密度。育雏早期相对湿度60%～70%。

选用好饲料。从小鸡料更换为中鸡料，要采取逐渐过渡方式，让鸡群有几天适应时间。

适时分群和转群。第4周，可以将公鸡和母鸡挑选、分开，转到中鸡舍。夜晚，鸡只安定，不易发生惊恐。挑选和转群要在夜间进行，以免造成鸡的应激反应。在转群前后5天，可以喂一些抗应激的药物。

适时安排免疫接种。这个时期，根据本地鸡的疫病发生特点，可以安排新城疫疫苗、鸡传染性法氏囊病疫苗、鸡传染性支气管炎疫苗等首次接种。

（2）肉用仔鸡生长后期（5～8周龄）的饲养管理要点：

生长后期，采食量逐渐加大，排泄物更多，排放的水分更多，加强通风换气，保证鸡舍内空气新鲜。

冬季要采取供暖增温措施，夏季要采取降温措施，使鸡舍内达到适宜生长温度。

适时将中鸡料更换为大鸡料。要根据鸡只采食状况、健康状态、生长速度、气温、饲料能量水平，适当增加每天的饲料量。

适时安排免疫接种。有些疫病，如新城疫、传染性法氏囊病，需要做两次免疫接种，确定适当间隔时间，进行第二次接种。

做好肉用仔鸡出栏上市工作，最好一栋鸡舍一次性全部出完。如果分多次出栏上市，就可能在销售过程中，带入某些病原微生物，可能引发剩下鸡只的应激反应。

57. 雏鸡购回后应做好哪些事情？

雏鸡购回后，从运雏车上小心搬运雏鸡盒，并仔细检查每盒盒内雏鸡的健康状态。按照鸡舍面积及合理密度，计算每个鸡舍雏鸡投放数量，放置相应数目的雏鸡盒。将雏鸡立即放置于育雏伞下，或保温鸡舍。让雏鸡尽快喝到温水。

使用育雏伞育雏，每个育雏伞可饲养500～750只雏鸡，要使用护围确保雏鸡不离开舒适的环境。育雏护围高30～45厘米，距离育雏伞边缘60～150厘米。以后每天逐渐扩展育雏护围，并将育雏所用料盘和饮水器移向常规饲喂和饮水设备。根据雏鸡是否太热或太冷的表现调整育雏护围的大小。

许多地方现在采用供暖风系统育雏，每平方米最多21只雏鸡，鸡只不可能在冷或热时接近或远离热源，因而温度必须适宜，达到雏鸡所需要的温度。

做好雏鸡保温工作是最重要的事情。否则，会使雏鸡受寒，抵抗力下降。容易发病。

雏鸡饮水后 2～3 小时开始供应细小颗粒饲料，数量要适宜，每天供应 5 次。

58. 肉用仔鸡的育雏期如何供热?

肉用仔鸡育雏期的供热方式，可为两大类：电供热与燃料供热。

电供热方式。管理方便，无空气污染，干净卫生，易于自动化控制，适应地域广泛。最常见的是电热保温伞供热。

燃料供热方式。燃料有燃气、燃油、燃煤等。方式为暖气供热，火炉、火炕、烟道供热，热风炉供热。

59. 肉用仔鸡舍通风可以解决哪些问题?

肉用仔鸡舍适度通风可以更换空气，排出鸡舍内过多的二氧化碳、氨气和湿气，引入新鲜空气，为肉用仔鸡快速生长提供充足氧气及比较舒适的环境。

肉用仔鸡快速生长，代谢很旺盛，需要氧气多，排出二氧化碳多，呼吸及排泄物会产生很多水汽，垫料容易潮湿，垫料中排泄物发酵产生氨气等不良气体，这些方面的问题都需要通风换气才能得到有效控制。

60. 肉用仔鸡光照的要求有哪些?

肉用仔鸡增加光照时间的作用是延长采食时间，促进生长发育。

肉用仔鸡光照的要求，满足肉鸡生长需要。根据其生长需要，提供适宜的光照强度和光照时间。具体是：①7 日龄内，每天有 1 小时黑暗，让鸡只熟悉黑暗情况，以免停电造成应激。

②从8日龄起，开始实行夜间间断照明，即开灯喂料，采食饮水后熄灯休息。光照强度，以使雏鸡能看见饮水和采食为宜，一般每 20 米^2 悬挂一个 25 瓦灯泡，高度 2 米。

61. 肉用仔鸡是否要断喙？

由于饲养密度过大、光照强度过强、饲料不符合营养要求等原因，肉鸡群有时会发生啄癖症。啄癖症类型主要有：①啄羽癖，一些鸡啄食其他鸡的羽毛，主要是凶猛的鸡啄弱小的鸡，特别易啄食背部、尾尖的羽毛，有时拔出羽毛并吞食。互啄至羽毛脱落后，被啄鸡皮肉暴露出血，易发展为啄肉癖。②啄肛癖，啄食肛门、下腹部，是最严重的一类啄癖，多发生于雏鸡，易发生在生长期的限食阶段，一只被啄，同群啄食。严重时泄殖腔周围被啄破，肠道被拉出，这些鸡不死也失去饲养价值。③啄冠癖、啄髯癖，发生较少，多见于公鸡间争斗。

快大型肉鸡饲养时间短，很少发生啄癖症。而饲养时间达70～120 天的优质肉鸡，易于发生啄癖症。

防止啄癖症发生，除了控制饲养密度和光照强度及提供优质饲料外，还可以对肉鸡采用断喙处理。断喙后，肉鸡群啄癖症发生减少，即使发生啄癖症，也不会很严重。因此对饲养时间达70～120 天的优质肉鸡还是要断喙。快大型肉鸡可以断喙。

62. 肉用仔鸡的日常管理包括哪些内容？

肉用仔鸡的日常管理工作主要有：

（1）喂料　1～3 日龄，每隔 2 小时给料一次；4～21 日龄，每隔 3 小时给料一次；22 日龄至出栏，每隔 4 小时给料一次。每日给料总量均分成数次投喂，每次控制给料量在规定的时间内刚好吃完。槽内脏物随时清理。

（2）喂水　每天洗刷饮水器两次，然后加满水。要求：1～7日龄用20℃左右温开水；8日龄至出栏，用干净的井水或自来水。贮水缸和桶的存水时间不超过3天，每3天清洗1次贮水缸。每次饮水投药后要及时清洗干净，再加清水。

（3）定期在下午4:30清除鸡粪，换新垫料。

（4）根据鸡舍小气候情况，随时调整通风量。

（5）根据室外温度及鸡舍所需温度，确定采取升温措施，还是降温措施。

（6）每天多次仔细观察鸡群。及时记录鸡群异常状况，及时分析发生原因，及时处理发病鸡只。不能自己处理的，要及时向专业技术人员求助。

（7）每天做好记录工作，每天记录死死亡和淘汰数、日耗料量、鸡舍温度、光照等。体重及成活率每周最后1天记录一次（随机取样2%称重）。每天做好免疫用药记录。

63. 肉用仔鸡饲养应注意哪些问题？

肉用仔鸡饲养应注意：

（1）不同肉鸡品种，有不同的生长发育特点，不同的上市日龄。要依据饲养的品种特点，制订分阶段饲养计划，并如期执行。

（2）不同肉鸡品种，不同饲养阶段所需的饲料也要根据该品种的营养需要做适当调整。

（3）要根据上市商品肉鸡的要求，调整饲养方案。

（4）最好选择全价颗粒饲料来饲养肉鸡。

（5）最好采用封闭式鸡舍来饲养肉鸡。

（6）饲养优质肉鸡，最好采用公鸡和母鸡分开饲养方式，公鸡和母鸡生长速度差异大，销售也不同期。

（7）在一个肉鸡场，不同鸡舍饲养不同日龄的肉鸡，要特别注意鸡舍之间隔离防疫工作，以免传染病传播。

(8) 在购鸡苗、购垫料、出售肉鸡时，要高度注意是否有某种病原微生物被带入本场。

64. 夏季高温时如何饲养好肉用仔鸡？

夏季高温时，饲养肉用仔鸡要做好下面几方面工作：

(1) 保持适宜温度　封闭式鸡舍，可采取在进风口处设置水帘进行空气冷却，使用流动水降温或采用负压或正、负压联合纵向通风等方式降温。开放式鸡舍，首先，舍内通风要好，清晨和夜间把门窗尽可能全部打开，但须在门窗上加铁丝网，以防兽害和飞鸟；其次，门窗上沿墙设遮阴设备，既有利于热气的散发、避免阳光的直射，又能防止雷阵雨侵袭；再次，搞好鸡舍周围环境绿化，种植草坪或较矮的植物等。有条件时，中午采用动力排风。3周龄后室温最好能保持在28℃以下，以利鸡的生长。此外，夏季虽然气温较高，但有些地区昼夜温差较大，或遇雨天和台风等天气，在育雏的早期(1～2周龄)也要做好保温工作。

(2) 选择适宜密度　1～2周龄的饲养密度为每平方米25～30只，3～4周龄为每平方米15～24只，5周龄以后为每平方米8～14只。每群以300只鸡为宜，群与群之间用隔栅栏隔开，以利于舍内空气流通。

(3) 适当调整饲料配方　试验证明，鸡舍温度25℃以上时，每升高1℃，鸡采食量就下降1.6%，饲料利用率随之降低。日粮营养和组成进行适当调整，使日粮维持适宜的营养水平，以弥补由高温应激引起养分摄取量的不足。为满足肉仔鸡生长发育需要，饲粮中蛋白质水平可提高10%～15%，还可以适当添加赖氨酸和蛋氨酸，增加饲粮中多种维生素和微量元素的含量，提高饲料营养水平。

(4) 改变喂养方法　夏季天气炎热时，可采用夜间喂料，每晚10点到次日晨6点是最凉爽时间，有利于鸡采食，而白天则让鸡休息。其方法是：适当调亮灯光，增加兴奋性，夜间喂4～5次，并通过振动料桶，驱赶鸡群运动，以刺激鸡旺盛的食欲。

（5）添加抗应激药物　为避免或降低高温等因素引起肉仔鸡应激反应，可在饲料或饮水中添加一些防应激作用的药物。当舍温高于27℃时，可在饲料中添加维生素C 150～300毫克/千克，或在水中加维生素C 100毫克/千克；还可在饲粮中加入0.3%小苏打，添加镇静剂氯丙嗪0.1%。由于热应激时易出现低血钾，可在饲粮中补加氯化钾0.2%～0.3%，或在饮水中补加氯化钾0.1%～0.2%。据资料介绍，在饲料中添加酵母铬或吡啶酸铬，可提高肉用仔鸡在高温环境条件下的生产性能和免疫力。也可选用一些具有清热解毒、抗菌消炎或增强免疫机能的中草药，如金银花、菊花、蒲公英等。

（6）保证清凉饮水　深井水，温度一般在18℃左右，是肉仔鸡良好的清凉饮用水。由于高温时肉仔鸡饮水量增加，粪便排泄量增大，将带走肉用仔鸡体内更多的热量，要加大供水量。有条件的地方可采用自流式水槽，由小型水泵持续提供深井水，保持饮水的低温。如果使用真空式饮水器，需增加换水次数，加入饮水器的水应是刚抽出的深井水。在夏季三伏天，每天10点至17点每2小时换水1次，每天刷洗消毒饮水器具1次，保证供给肉仔鸡充足、清洁的饮水。保持鸡舍内外排水畅通，舍内清洁干燥。

（7）做好疾病预防　严格执行卫生防疫制度，按免疫程序接种疫苗。尽力保持鸡舍环境卫生，每周至少消毒1次。选用对肉仔鸡危害小的药物，及时消灭蚊蝇等。加强对鸡群的观察，注意鸡群精神状况、行为表现、采食情况及粪便形态，发现异常时及时采取相应措施。夏季高温、垫料潮湿，容易导致球虫病暴发，养殖户应经常在饲料中轮换添加抗球虫病药物。

（8）加强日常管理　鸡胆小怕惊，在高温环境中自身抗病力降低，要严格按照饲养操作规程进行管理。改进饲养方式应逐步进行。保持鸡舍安静，减少环境不良因素干扰。

65. 无公害肉用仔鸡饲养关键环节有哪些？

无公害肉鸡产品日益受到消费者的青睐，市场需求量越来越大，也受到肉鸡养殖者的高度关注。无公害肉用仔鸡饲养关键环节有：①生产场地选择在无污染和生态环境好的地方。调控好饲养环境的温度、湿度、光照和通风。②种鸡必须来自饲养管理规范、无烈性传染病、无人兽共患病及无污染的种鸡场。商品肉鸡苗必须来自生产性能好、健康、无污染、饲养管理规范的种鸡所产的种蛋，经严格消毒和科学孵化的孵化厂。饲料原料来自无公害的草场、农区、无公害饲料种植地及无公害食品加工产品的副产品。饲料生产规范，无污染。③禁止使用禁用兽药和禁用饲料添加剂，严格控制用药量和停药期。④饲养管理应科学和规范。⑤做好疫病防治工作，防控好家禽烈性传染病、人兽共患病。⑥做好环境、鸡舍和用具的消毒，及病死鸡和粪便的无害化处理。

66. 什么样的鸡属于优质黄羽肉鸡？

我国的优质肉鸡与国外的优质肉鸡概念并不完全相同，我们优质肉鸡概念的核心指标是外貌、风味、滋味和口感，而国外优质肉鸡概念的核心指标是生长速度。

我国有很多优良地方肉用（或肉蛋兼用）品种，以外貌诱人、肉质细嫩、味道鲜美、风味独特而闻名。羽色有白羽、麻羽、麻黄羽、黄羽、黑羽、花羽、红羽、褐羽等；皮肤和胫的颜色有黄、青、乌等。被列入国家级重点保护品种名录的地方鸡种有：九斤黄鸡、大骨鸡、白耳黄鸡、仙居鸡、北京油鸡、丝羽乌骨鸡、茶花鸡、狼山鸡、清远麻鸡、藏鸡、矮脚鸡、浦东鸡、溧阳鸡、文昌鸡、惠阳胡须鸡、河田鸡、边鸡、金阳丝毛鸡、静原鸡、鲁西斗鸡、吐鲁番斗鸡、西双版纳斗鸡、漳州斗鸡。

我国的这些优良地方品种鸡，不足之处在于，生长速度比较缓慢，就巢性强，繁殖力低，不适宜于集约化养殖，饲养效益不显著。经过我国育种工作者对这些地方品种进行适宜的杂交改良，或纯系封闭选育方式，培育出一些优质肉鸡新品系，不仅在很大程度上保持了地方鸡种的外貌、风味、滋味和口感的特色，生长速度和饲料转化率比地方鸡种也有了明显的提高，可以适合集约化养殖，具有相当的市场竞争力。

优质黄羽肉鸡是指在很大程度上保持了我国地方鸡种的外貌、风味、滋味和口感的特色，具有比较高的生长速度和饲料转化率的杂交品系或非杂交系。

家禽业界对优质肉鸡达成的基本共识是，具有一定比例地方鸡种血缘，须经饲养到一定日龄，肉质鲜美、风味独特、营养丰富，符合某一地区烹调方法的要求，具有符合该地区和民族喜好的体型外貌和较高的生产性能。

优质黄羽肉鸡的生长速度一般为，70 日龄，平均活重达 1.25 千克；料肉比 2.8∶1；半净膛屠宰率 75%以上。有些优质黄羽肉鸡达不到这样的生长速度和料肉比，但显著高于对应的地方品种鸡。

在很大程度上保持了我国地方鸡种的外貌、风味、滋味和口感的特色，具有上述生长速度和料肉比的杂交品系，可以称为优质黄羽肉鸡。

而我国各地的很多优良地方肉鸡品种，外貌、风味、滋味和口感独特，其肉仔鸡一般在 120～150 日龄上市，被称为特优质肉鸡。

67. 优质黄羽肉鸡与其他肉鸡各有何特点？

优质黄羽肉鸡品种与快大型肉鸡品种比较，优质黄羽肉鸡品种的商品代肉鸡，生长速度较慢，饲养期较长，料肉比较低，上市体重较小，营养需要和饲料配方差异较大，外貌上很有特色，风味、滋味和口感独特，肌肉纤维更细，密度更高，嫩度适中，风味物质含量丰富。

68. 优质黄羽肉鸡有哪些主要品种？

我国优质黄羽肉鸡主要品种有：

（1）江村黄鸡 JH-3 号配套系　父母代种鸡 22 周龄开产，68 周龄入舍母鸡平均产种蛋 168 枚，平均产雏鸡 140 只。商品鸡，56 日龄公鸡平均体重 1 350 克，料肉比 2.2∶1；63 日龄公鸡平均体重 1 600 克，料肉比 2.3∶1。70 日龄母鸡平均体重 1 350 克，料肉比 2.5∶1；90 日龄母鸡平均体重 1 850 克，料肉比 3.0∶1。

（2）新兴黄鸡Ⅱ号配套系　广东温氏食品集团有限公司南方家禽育种有限公司，利用新兴本地土杂鸡、石歧杂鸡、“882” 商品代鸡，相互杂交，经闭锁选育而育成了新兴黄鸡Ⅱ号肉鸡配套系的父系——N201 品系；利用石歧杂鸡和以色列隐性白鸡的杂交而育成了新兴黄鸡Ⅱ号肉鸡配套系的母系——N202 品系；再经二系杂交而育成了两元杂交配套的新兴黄鸡Ⅱ号肉鸡配套系。父母代种鸡 23 周龄开产，68 周龄入舍母鸡平均产种蛋 161 枚，平均产健雏鸡 125 只。商品鸡，60 日龄公鸡平均体重 1.5 千克，料肉比 2.1∶1；72 日龄母鸡平均体重 1.5 千克，料肉比3.0∶1。

（3）粤禽皇 3 号配套系　广东粤禽育种有限公司充分利用我国地方鸡种的优良特性，适当引进国外优良品种，通过培育专门化纯系、杂交配套选育而成。根据 2005 年农业部家禽品质监督检验测试中心的测定结果，商品代肉鸡，公鸡 15 周龄平均体重为 1 847 克，料肉比为 3.99∶1，成活率为 99.3%；母鸡 15 周龄平均体重为 1 723 克，料肉比为 4.32∶1，成活率为 97.3%。

（4）京星黄鸡 100 配套系　中国农业科学院北京畜牧兽医研

究所利用国内地方品种，导入法国明星鸡的 dw 基因，选育而成。商品代肉鸡外貌特征：矮小型，单冠，冠色红润，黄羽、黄脚、黄肤，羽毛光泽度好；体型丰满、紧凑，肌肉发达。商品代肉鸡，公鸡 60 日龄平均体重 1.5 千克，料肉比为 2.1∶1，成活率 98%。母鸡，80 日龄平均体重 1.6 千克，料肉比 2.9∶1，成活率 97%。

（5）岭南黄鸡Ⅰ号配套系　广东省农业科学院畜牧研究所岭南家禽育种公司经过多年培育而成的黄羽肉鸡配套系。岭南黄鸡Ⅰ号由三系配套而成，其配套模式为：F×E1B。其中 F 系是从 1996 年开始利用岭南黄鸡 C 系与红波罗鸡杂交后经横交固定而育成，E1 系是利用法国新安康红父母代母鸡与石岐杂鸡杂交于 1991 年分离后育成的，B 系则来源于石岐杂鸡，从 1991 年开始进行闭锁繁育后育成。父母代种鸡 23 周龄开产，68 周龄入舍母鸡平均产种蛋 185 枚，平均产健雏鸡 145 只。商品鸡，56 日龄公鸡平均体重1 400克，料肉比 2.2∶1；70 日龄母鸡平均体重 1.5 千克，料肉比 2.5∶1。

（6）鲁禽 1 号麻鸡配套系和鲁禽 3 号麻鸡配套系　鲁禽 1 号和鲁禽 3 号麻鸡配套系是由山东省农业科学院家禽研究所，以山东省优良地方品种琅琊鸡为育种素材培育而成的，保持了地方优良地方品种的体型外貌特征，公鸡红羽黑尾，尾羽间有黑色翎闪绿色光泽，母鸡分黑麻（占 80%以上）和黄麻两种，颈羽有浅黄色镶边，尾羽黑色。公鸡适应我国北方市场需求，母鸡适应苏南等长江以南地区市场需求。生产性能高。国家家禽测定中心（北京）生产性能测定结果：鲁禽 1 号，10 周龄，公鸡平均体重 2.05 千克，料肉比 2.3∶1；母鸡平均体重 1.68 千克，料肉比 2.5∶1。鲁禽 3 号，13 周龄，公鸡平均体重 2.10 千克，料肉比 3.1∶1；母鸡平均体重 1.61 千克，料肉比 3.5∶1。肌肉品质好，不饱和脂肪酸含量高于快大型肉鸡。风味物质肌苷酸含量高于快大型肉鸡品种。肌纤维直径低于快大型肉鸡，肌纤维密度高于快大型肉鸡。肌肉嫩度适中。适宜生长于华中、华东、华北及东北地区。适宜笼养、地面平养等饲养方式。鲁禽3号还可以放养在山地、果园、速生林地等。

（7）京海黄鸡　是以当地地方黄鸡资源为育种素材，根据传统遗传育种理论，采用常规育种和分子标记（J带）辅助选择，经五个世代培育而成的小型优质肉鸡新品种，体型外貌一致，生产性能优良，遗传性状稳定，抗逆能力强。“京海黄鸡”于2009年通过国家畜禽遗传资源委员会审定，成为国家级家禽遗传资源。目前为止，京海黄鸡是国家畜禽遗传资源委员会审定通过的我国第一个育成的肉鸡新品种（非配套系）。

从外形看，京海黄鸡体形紧凑，公鸡羽色金黄，母鸡黄色，主翼羽、颈羽、尾羽末端有黑色斑点；单冠、冠齿4～9个；喙短，呈黄色；肉垂椭圆形，颜色鲜红；胫细、黄色，无胫羽；皮肤黄色或肉色。经国家家禽生产性能测定站测定，京海黄鸡种母鸡18周龄体重1 276克，达5%产蛋率为125～133日龄，66周龄平均产蛋数175.4个；经现场测定，商品公鸡110日龄平均体重为1 289克，母鸡平均体重为1 099克，料肉比为3.12∶1。

（8）凤翔乌鸡　广西凤翔家禽责任有限公司根据市场需要，利用配套杂交育种技术培育的一个优良品种。生长速度快，整齐度好，乌度好，深受市场欢迎。凤翔乌鸡保持了原土种乌鸡的乌肉特性，单冠，冠乌黑或紫红，片羽。公鸡羽色酱红，母鸡麻羽。皮肤脚胫均为黑色，体形稍长，脚粗，胸腿肌丰满，生长速度快，畅销大西南。凤翔乌鸡商品代生产性能，70日龄公鸡平均活重1.9千克，料肉比2.4∶1，80日龄母鸡平均活重1.70千克，料肉比2.9∶1。

（9）雪山鸡配套系　常州市立华畜禽有限公司以藏鸡、茶花鸡和隐性白羽鸡组成三系配套培育。配套系商品代肉鸡，体型小、匀称，公母鸡单冠、青脚无毛；公鸡羽毛背部红色、腹部黑色，母鸡深麻羽。具有早熟、早期羽毛生长快、觅食能力强、抗逆性强等特性。经国家家禽生产性能测定站测定：雪山鸡父母代种鸡，22周龄达5%产蛋率，平均体重1.76千克，66周龄平均产蛋170个，种蛋受精率94.7%，受精蛋孵化率95.2%；商品代，公鸡13周龄平均体重1 550克，平均料肉比3.2∶1，母鸡平均体肉1 200克，平均料肉比3.21∶1。

（10）长沙黄鸡　长沙黄鸡是湖南省农业科学院畜牧兽医研究所以该地区优越的自然条件培育出来的优质黄羽肉鸡种。长沙黄鸡克服了地方鸡早期生长慢，饲料报酬低，长羽迟缓等缺点，保持了地方鸡适应性广，肉质鲜美的优点，并具有黄喙、黄脚、黄毛“三黄”特征，深受群众喜爱。

生长速度与产肉性能，70日龄平均体重1 450克，料肉比2.6∶1；90日龄平均体重1 700克，料肉比3.1∶1。70日龄半净膛屠宰率，公、母鸡分别为81.59%、79.71%；70日龄全净膛屠宰率，公、母鸡分别为69.19%、67.82%。90日龄半净膛屠宰率，公、母鸡分别为84.25%、83.83%；90日龄全净膛屠宰率，公、母鸡分别为71.81%、72.81%。

产蛋性能与繁殖性能，母鸡170～180日龄开产。500日龄母系平均产蛋180枚，平均种蛋受精率90%，平均受精蛋孵化率85%。

（11）海新肉鸡　是上海畜牧兽医研究所用荷兰海佩科肉鸡与新浦东鸡杂交而成，分快速型和优质型。优质型，13周龄平均体重1.5千克，料肉比3.5∶1。

（12）京黄肉鸡　是中国农业科学院北京畜牧兽医研究所培育出的黄羽肉鸡，分京黄1号和2号。京黄2号，13周龄平均体重1.5千克，料肉比3.0∶1。

（13）黔黄系列肉鸡　是贵州农学院培育的肉鸡品种，12周龄公母平均体重1.7千克，料肉比3.2∶1。在粗蛋白为19%～21%的饲养水平下，9～10周龄公母平均体重可达1.5千克，料肉比2.5∶1。

69. 优质黄羽肉鸡产业在我国的发展状态如何？

优质黄羽肉鸡产业在我国的发展状态：

（1）品种资源丰富，育种成效显著　农业部公布的中国畜禽遗传资源目录中有81个地方鸡种，还有数十个未列入国家目录的省级地方鸡种，育种素材丰富。我国一些育种公司和科研院所利用我国丰富的地方品种资源，培育出多个优质鸡配套系，其中经过国家审定的优质肉鸡配套系有20多个，分布在全国各地。

（2）区域市场分布明显

优质型肉鸡：以香港市场和广东珠江三角洲地区为代表，要求母鸡在70～90日龄上市，体重达到1.5千克，“三黄”特征明显，毛色光亮，冠红而大，体型滚圆，胫长适中，居民对体形外貌和口味要求较高，对生长速度要求次之。

特优质型肉鸡：以广西、广东湛江地区和部分广州市场为代表，要求母鸡在90～120日龄上市，体重达1.1千克以上，冠红而大，羽色光亮，胫较细，早熟性好，一般以未经杂交改良的地方鸡种为主。

淘汰老母鸡型：生产优质型肉鸡和特优质型肉鸡后淘汰的种母鸡，在两广地区主要用来煲汤，每年大约有3亿只鸡的销售量。

（3）饲养模式多样化　随着优质鸡产业的快速发展，饲养模式也呈现出多样化的趋势。目前，我国的优质鸡饲养模式主要有四种：“笼养-放养”模式、“笼养-地面平养（圈养）”模式、“笼养-放养-笼养”模式、“全程笼养”模式。

“笼养-放养”模式　该模式是优质肉鸡产业发展的产物，但目前看来在未来不能长期存在。这主要基于以下几点原因：①放养鸡的运动影响饲料消耗，增加饲养成本，每只鸡约增加饲料消耗10%。②环境污染严重。放养鸡对生态的影响在业内已经形成共识。③特殊的养殖方式影响产业规模发展。目前的饲养模式主要是“公司＋农户”，但这种模式能否继续长期发展，值得怀疑。农户收入要求提高，食品安全、信誉、环境污染等诸多因素将迫使家禽公司改变目前“公司＋农户”的养殖模式。④土地资源紧张。有限的土地资源利用率不高是影响该模式长期发展的主要因素。

“笼养-地面平养（圈养）”模式　该模式主要在江浙地区采用，特别是长江以北的平原地区。地面平养适合于规模较小的鸡场，养殖密度可以相对较大。地面平养的鸡舍有很多窗户，空气新鲜，舍外活动场面积大，舍外活动多可以提高鸡的肌肉质量。由于南方气温比较高，不必有太多的保温设施，夜间鸡也能呼吸到新鲜空气。

“笼养-放养-笼养”模式　先笼养育雏，3～4周龄脱温后再放养，放养至90日龄左右再转到笼中饲养。有很多企业采用这种方式，如广东、广西、海南等地的养鸡企业，是品牌优质肉鸡饲养的最好方式。最后的笼养也称为调理，实为育肥阶段，优点主要有：①使鸡更肥，增加肌间脂肪含量，增加鸡肉的香味和鲜度。②使鸡的皮肤发滑，羽毛光亮，体型更符合市场更求。③对可能在放养期间产生的食品安全隐患可有效地排除。笼养育肥约有1个月时间，企业可控制饲料品质，肉鸡产品安全更有保证。④减少饲料消耗，降低饲养成本。肉鸡上市前1个月的育肥期，是饲料消耗最多的时间，采用笼养方式，每只鸡可节约饲料成本0.3～0.5元。⑤长期放养的鸡，销售时，如果立即上笼被运输，会产生应激，直接影响鸡肉风味。而经过1个月笼养后，可有效减少运输时的紧张感，减轻应激的不良影响。

“全程笼养”模式　从出雏到上市全部采用笼养。饲料报酬更低，可降低15％以上，利润比放养鸡提高20％左右。此外，优质鸡采用全程笼养，肉鸡体脂沉积较多，适合于习惯消费肥鸡的地区。

（4）饲养总量不断增加　相对于快大型白羽肉鸡，黄羽肉鸡一向深受我国市场欢迎。我国有消费黄鸡的传统，广东、广西和香港、澳门、台湾地区又有消费活鸡的习惯，黄羽肉鸡的发展最初是面向两广，特别是面向香港、澳门地区展开的，随着人民生活水平的提高和营养膳食结构的改善，黄羽肉鸡的需求不断增加，主要消费群体从高档餐饮业发展为家庭消费，而黄羽肉鸡肉质好、味道鲜美等特点符合民众高消费的需求，以往大家过年过节用以改善生活和招待客人的优质肉鸡，现在随处都可以见到，这就增加了市场对优质黄羽肉鸡的需求。随着居民经济提高，消费水平上升，优质黄羽肉鸡消费量在逐年增长。

目前黄羽肉鸡饲养量，广东约有近10亿只，广西超过4.5亿只，华东地区有8亿只，整个长江流域及以南地区约为20亿只。近年来，湖南、湖北、四川、重庆的市场发展也相对成熟，表现为生产和消费水平不断提高，这些地区的总饲养量初步估计有5亿只左右。据初步估计，目前我国黄羽肉鸡饲养总量约40亿只左右，产肉量约为480万吨。

（5）产业化开发步伐加快　我国优质鸡的产业经营模式主要有以下几种：①“北繁南养”模式。将父母代种鸡养于气候适宜、饲料和人力成本低、生产水平相对较高的北方地区（即“北繁”），所生产的商品代种蛋运往南方沿海地区孵化，商品肉鸡就地饲养（即“南养”）和上市。②“公司＋基地＋农户”模式。以公司为龙头带动千家万户来组织经营。如广东温氏集团西南分公司“公司＋基地＋农户”的生产经营模式，与云南、贵州、四川、重庆地区的养殖户建立生产经营联合体，通过供应种苗、饲料，提供技术服务、回收肉鸡等一条龙服务的经营方式，带动农户从事养殖业。③“公司＋农户”模式。主要是通过加工企业带动农户，如湛江广海公司从事肉鸡加工，创立了“广海鸡”品牌，公司与农户签订肉鸡收购合同，带动农户为公司养肉鸡．公司收购肉鸡直接交酒店加工，这种模式风险小，利润大。④“基地带龙头，龙头带农户”模式。以销售企业为主体联结农户的产业。充分利用资源优势，抓好肉鸡基地建设，扶持养鸡大户作为龙头，由龙头带动农户，形成了“基地带龙头，龙头带农户”的发展模式。⑤“贸、工、农”一体化经营模式。生产经营由集团统一部署、部门分工合作，其产品直接销往市场。如深圳康达尔养鸡公司以养鸡为主业，建立了种鸡场、商品鸡场、种蛋孵化场、饲料厂等，生产经营实行一体化。

目前我国黄羽肉鸡产业化开发较好的企业主要集中在华南、华东、广西、河南等地区，这些企业所占的市场份额很大，在行业中具有引领作用，而且经过多年的成功经营，打造出了各自的品种、品牌和优势产品。从事产品加工的企业数量在逐年增加，有的企业已经建有产品深加工生产线，企业的产业链正在延长，产业化程度也在加大。概括起来，优质鸡产品的销售形式主要有三种，即活鸡、冰鲜鸡和肉鸡加工产品。①活鸡。至上市时，脚、冠、体型、尾巴等特征都比较典型，如广西三黄鸡，不到110日龄时即可上市。②冰鲜鸡。由于保鲜技术问题的解决，以及消费观念的更新，近年冰鲜鸡销售有不断上升的势头，如南京就有一家广西企业的冰鲜鸡专卖店，售价高达58元/只，销售非常红火，每天空运过来的冰鲜鸡，2～3小时即可售完。③肉鸡加工产品。当前优质鸡加工产品正在增加，发展较快。

（6）存在的问题　目前，我国对优质肉鸡的消费形式仍以活鸡为主，进行转化加工（初加工和深加工）的较少。另外，本地区销售的多，跨区域销售的少，精细深加工产品更少。违禁品的添加，药物残留，重金属、霉菌毒素、细菌等卫生指标不达标等因素加剧了食品安全的危机。在养殖领域，养殖环境差、设施设备简陋、疫病复杂、种鸡场不净化、预防不得力、治疗欠科学等因素都使得疫病防控形势更加严峻。

经过多年的发展，优质鸡的产业发展水平虽然得到了一定提升，但仍存在着一些制约产业向更高层次发展的问题，这些问题主要体现在以下几个方面：一是产业化体系有待完善，如肉鸡生产的集约化、现代化水平不高，经营方式单一，产品加工滞后，科研力量相对薄弱，良种繁育体系不够健全等因素都使产业化体系还不够成熟和完善。二是市场供求机制有待改善。原料成本、人工成本、运输成本不断增加，宏观调控不给力，市场混乱，产品价格波动幅度大等因素，都暴露出市场供求机制的弊端。三是市场品牌战略有待推进。知名企业和知名品牌打造不力，外向型企业少。品种审定工作任重道远等问题都延缓了我国优质鸡产业向高端领域发展的步伐。四是标准化程度有待提高。不同品种的饲养标准欠缺，标准化的饲养体系不完善等问题阻碍了我国优质鸡向标准化、现代化的方向发展。

70. 为什么优质黄羽肉鸡产业发展困难？

优质黄羽肉鸡产业发展困难主要原因有：

（1）优质黄羽肉鸡产业发展缺乏全国性整体规划　由于我国家禽业已经进入了市场化运作时期，政府对行业的行政干预越来越少，目的给企业提供更多更大的生存和发展空间。

优质黄羽肉鸡养殖准入门槛低，养鸡企业进入和退出机制不健全，各地在发展优质黄羽肉鸡产业时缺乏统一规划，造成优质黄羽肉鸡市场大起大落，波动大而频繁，浪费了大量的资金和资源，影响优质黄羽肉鸡产业健康发展。当养鸡业发生重大疫情或市场上优质黄羽肉鸡供应出现严重过剩时，会严重影响优质黄羽肉鸡养殖户及企业的经济效益，造成优质黄羽肉鸡市场更大波动，这时，国家采取的扶持政策力度也很有限。

（2）优质黄羽肉鸡缺乏行业规范和标准　优质黄羽肉鸡市场很乱，在一定程度上存在恶性竞争，以次充好、鱼龙混杂、良莠不齐的现象仍然存在，这是由于缺少行业规范和标准造成的。目前优质黄羽肉鸡没有统一的、适用的饲料标准、营养标准、育种标准、繁殖标准及产品标准等技术指标。由于优质黄羽肉鸡仍以活鸡消费为主，消费者购买时只依据鸡的外观（羽色、皮肤、体型）来判断是否是优质黄羽肉鸡及品质评价。消费者也不是都对优质黄羽肉鸡很了解，卖鸡者就很容易欺骗买鸡者。由于大家对鸡的外观要求不一致，衡量标准难以统一，也为市场定价带来很大难度，这在很大程度上影响了养殖企业的发展。由于优质黄羽肉鸡养殖企业之间不能在同一平台上竞争，这对正规经营的优质黄羽肉鸡企业是不公平的。有的养殖企业一味的追求效益和生长速度，用快大型隐性白羽肉鸡品种同其他有色羽鸡品种乱杂乱配，导致黄鸡肉质品质和风味变差，对黄羽肉鸡的消费市场造成很大的负面影响。

（3）疫病影响仍然严重　疫病问题是整个家禽行业都无法回避的，每年造成的损失相当大。某地发生一些家禽疫病后，没有得到及时诊断、及时上报、及早控制，经常会出现。近年来我国疫病防控工作取得了重要进展，但是与肉鸡生产需要还有很大距离。疫病防控是一项综合性、系统性工程，需要社会各界共同努力，不仅需要政府行政主管部门加大对疫病防控的监管力度，还需要提高疫病诊断水平，促进各研究单位积极开发新的药品和疫苗，企业要加强防控意识、防控措施和管理。

（4）优质黄羽肉鸡的科研力量相对薄弱　目前国内专业从事优质黄羽肉鸡研究的机构和人员十分有限，这与我国优质黄羽肉鸡产业的发展速度不相适应。此外，这些研究人员大部分从事遗传育种专业，对优质黄羽肉鸡营养需要、生产性能、产品品质、产品加工等领域的研究相对较少，更缺少对优质黄羽肉鸡产业化生产的系统研究。不仅人力资源不足，而且物力和财力的投入也相对有限。目前优质黄羽肉鸡的科研工作主要集中在育种企业，这些企业通过市场化运作具备了一定的经济实力，从而保证了育种工作得以继续开展，但是与真正的市场开发和产业化运作还有很大差距。

（5）优质黄羽肉鸡的良种繁育体系不健全　优质黄羽肉鸡的育种大多是因地制宜，就地取材，这样虽然可以提高地方鸡种的利用率，但在种源配套上缺乏统一协调，缺乏长远规划和整体规划，明显表现出小区域、小规模特色，再加上一部分企业受利益驱使，简化育种程序，减少鸡种代次，使优质黄羽肉鸡的种鸡生产性能达不到市场要求，难以满足集约化、规模化养鸡生产的需要。目前优质黄羽肉鸡的育种还没有形成“曾祖代-祖代-父母代-商品代”这样代次分明的良种繁育体系。

（6）优质黄羽肉鸡养殖方式的局限性　目前优质黄羽肉鸡的种鸡繁育实现笼养方式，而市场上优质黄羽肉鸡的商品鸡几乎都来自于小规模养鸡户，生产大多数仍采用放养方式和平养方式，这种养殖方式不仅饲养效益低，集约化、规范化、标准化水平不高，而且抗病能力差，造成饲料的大量浪费。不合理的饲养方式加上卫生防疫体系不健全，疫病发生的风险增高，抵御市场风险能力显著降低。此外，随着公众对食品安全意识的提高，优质黄羽肉鸡生产也将面临更大的挑战。

（7）优质黄羽肉鸡的消费方式的限制　优质黄羽肉鸡的消费方式是绝大部分的优质黄羽肉鸡商品鸡以活鸡产品形式直接卖给消费者，优质黄羽肉鸡的冷鲜产品和深加工产品市场占有率很低。优质黄羽肉鸡商品鸡市场产品单一对于行业长远发展十分不利。活禽长途调运频繁，疫病传播风险加大，再加上活禽市场定期休市消毒制度尚未完全到位，容易引发疫病，存在产品质量安全隐患。活鸡直接销售给消费者，不仅为企业经营带来风险，而且不利于优质黄羽肉鸡商品鸡产品流通及保证食品安全。很多次的禽流感疫情对优质黄羽肉鸡的生产与市场消费都造成了严重冲击，国内一些大中城市限制活禽消费。一旦出现任何重大疫情，就会出现活鸡消费量急剧下降、甚至停滞的状况，从而使活鸡消费方式的根基产生动摇。

71. 优质黄羽肉鸡的饲养管理特点有哪些?

依据优质黄羽肉鸡的品种特点、生活习性、生长发育规律、品种的营养需要和产肉性能的研究成果、居民消费要求等，制订适宜的饲养管理规范。优质黄羽肉鸡的饲养管理一般要注重以下几方面：

（1）饲养模式要适宜　优质肉鸡饲养模式主要有四种："笼养-放养"模式、"笼养-地面平养（圈养）"模式、"笼养-放养-笼养"模式、"全程笼养"模式。要根据本场的经济实力、品种特点、生活习性、商品鸡要求、市场需求量，确定适宜的饲养模式。

（2）饲料配制要合理　优质黄羽肉鸡的品种不同，生长速度不同，各个生长阶段的营养需要会因品种而有很大差异，与蛋鸡品种、快大型肉鸡品种、中速型肉鸡品种、特优质黄羽肉鸡的品种都有很大差异，不能照搬它们的营养标准，要依据每一个优质黄羽肉鸡的品种的营养标准来制订饲料配方，还要选择一些特别的饲料原料。每一个优质黄羽肉鸡的品种的营养标准都是依据该品种的营养需要，经过多方面很多次数的科学试验得到的研究结果。

（3）分阶段饲养及公母鸡分开饲养　育雏阶段，0～5 周龄，采用平面和网上育雏方式；生长阶段，6～10 周龄，采用竹竿或金属网上饲养；育肥阶段，11～15 周龄，笼上饲养，适宜更好地育肥。在生长阶段，将公、母鸡分开饲养，因为公、母鸡生长速度不同，也方便对小公鸡进行阉割去势再进行肥育。阉鸡的肌间脂肪和皮下脂肪增多，肌纤维细嫩，风味独特。

（4）加强疫病防治，增加免疫内容　由于优质黄羽肉鸡饲养期较长，与肉用仔鸡相比，应特别加强疫病防治工作及适当增加免疫项目。如马立克疫苗，必须在出壳后及时接种。鸡痘疫苗，肉用仔鸡多数情况下可以不必免疫，而优质黄羽肉鸡一般情况下则应该刺种免疫。还要增加新城疫疫苗的免疫次数。其他免疫项目根据本地区发病特点，加以考虑。应加强对球虫病的防治。有放养方式的鸡场，要特别注意鸟类及野生动物传播疾病。

八、肉鸡生产中常见疾病的防控

72. 鸡场疾病综合防控措施涉及哪些方面？

养鸡场疾病综合防控措施涉及的主要方面如下：

（1）场址选择合适　养鸡场要选择比较偏僻的地方，远离交通主干道，远离居民区，要远离工厂，远离一切污染源，远离家畜家禽屠宰厂，远离其他养殖场。

（2）鸡场布局合理　充分利用地形等自然条件，以人为先、污为后的顺序排列，合理安排各区位置，做到生活区与生产区分开，净道与污道分开。鸡舍间距符合卫生防疫要求，鸡舍间距为鸡舍高度的3～5倍，有条件的应建立防疫隔离带。育雏鸡舍布置于上风向，生长鸡舍布置于偏下风向。

（3）严格隔离饲养场区　饲养员要经培训后上岗，且实行封闭管理，外来人员谢绝入内，进出车辆务必经消毒池消毒。

（4）购买雏鸡严把质量关　要从可靠种鸡场购买，确保来自健康鸡群。进雏鸡时严把质量关，选择孵化良好、健康活泼雏鸡，同时做好检疫工作，抽检雏鸡垂直传染病、胚胎感性疾病和母源抗体水平等情况。

（5）饲养管理要规范　根据不同品种、生长阶段和季节，合理调整营养成分，满足鸡体生长、发育、产蛋所需营养，同时要保证维生素和微量元素的充分供给。

（6）环境卫生和消毒要做好　一要定期对鸡舍及周边环境消毒；二要有科学合理的控制温度、湿度、风速、粉尘、有害气体的含量和病原微生物含量等；三要确保病死禽、粪便和其他废弃物的无害化处理。

消毒工作要制度化、经常化，选择对人和鸡安全、对设备无破坏性、无残留毒性，且对禽肉不会产生有害积累的消毒剂，定期对鸡舍及周边环境消毒。

（7）控制鸡与鸡之间传染病传播　鸡与鸡之间直接接触引起传染病发生是最常见途径。控制鸡与鸡之间传染病传播，要从两个方面入手，即控制纵向传播和控制横向传播。

控制纵向传播。纵向传播是指同一场区不同批次鸡群之间的传播。要做好疾病的纵向传播，最有效的方式是实行“全进全出”饲养模式，实现一个养殖小区同步进鸡（同日龄）、同步淘汰（同日龄）。一个养殖小区鸡群淘汰后实行严格的空场管理，严格执行鸡舍清理、冲洗、火焰消毒、喷洒消毒药、鸡舍干燥、熏蒸消毒等措施，彻底清理场区。在下一批次鸡群转入之前空舍时间最好间隔 15 天以上。

控制横向传播。横向传播是指同一栋舍内不同鸡只之间，不同栋的鸡舍鸡群间的传播。同一栋舍的横向传播主要靠消毒及对传染源（病鸡、死鸡）早发现、早隔离、早淘汰，同时加强死鸡、淘汰鸡的管理。控制不同栋舍鸡群间的传播，最有效的方式是严格禁止转群，由于不同栋的鸡舍鸡群生长条件不同、疾病病史不同、鸡群状态不同，相互之间转群，容易将病原体由转出舍带入转入舍。

（8）控制动物与鸡之间传染病传播　老鼠、苍蝇、鸟类、猫、狗是养鸡场疾病防控的极大隐患。在各种防控措施都到位的情况下，由于这些动物频繁地活动，可能会使所做的工作前功尽弃。养鸡场内灭蝇，灭鼠，防鸟，禁养猫、狗也是防疫工作的重点。养鸡场最大的苍蝇聚集地是粪场，做好粪场的控制管理能控制苍蝇繁衍。将粪便每天清出鸡舍，可以减少鸡粪聚积导致的苍蝇成群，同时降低舍内氨气浓度，改善舍内空气质量。将场区内粪便每日清出场区，减少鸡粪在场内存留时间，也减少疾病发生的几率。可以采取定期喷洒灭蝇药的措施来有效地控制场内苍蝇。养殖场内尽量少种植高大的植物，使鸟类没有栖息之地。很多养殖户将未烧完的死鸡作为食物饲喂猫、狗，这对防疫是极大的威胁，猫、狗在食用病死鸡后，虽然自身不发病，但是作为带菌（毒）体，可成为疾病传播的媒介。

（9）控制人与鸡之间传染病传播　人与鸡之间的传染病传播是很多养殖场已经关注的问题。控制人与鸡的传播关键是要采用封闭式管理。人员从场外进入场内，真正危险的因素是人本身及衣服、鞋子可能携带的病原体，要通过洗澡、更衣、更换工作鞋等措施解决。同时，要培养员工防疫意识，给员工提供良好的硬件设施。另外，要严格控制不同小区、不同栋舍之间的人员流动。养殖场应根据自身情况制订本场的防疫制度，将场区划分为不同防疫级别和防疫标准，人员只能从高防疫级别向低防疫级别流动，同时禁止同一防疫级别不同栋舍人员的流动。栋舍门口设置消毒盆，所有进出鸡舍人员必须脚踏消毒盆后方可进入。

（10）控制空气与鸡之间传染病传播　空气传播主要依靠空气飞沫或气溶胶形式传播，切断空气传播的关键在于杀灭存在于空气中的病原体，主要依靠舍内带鸡消毒和舍外环境消毒完成。一般采取育雏育成场区每天消毒两次、舍内每天消毒两次的方式。另外，定期更换不同类型消毒药，以防耐药性的产生。

（11）控制物品与鸡之间传染病传播　控制物品与鸡传染病传播，要尽量减少无关物品进入生产区，严禁私人物品进入鸡舍，必须进入生产区的物品须经过严格消毒后方可进入。有条件的鸡场，可以安装自动消毒设施，场区门口、栋舍门口设置熏蒸柜，对必须进入物品进行熏蒸消毒。

（12）免疫接种　依据本地方疫病发生特点，制定合理的免疫计划，并严格执行，有计划地对鸡群进行抗体监测。免疫期间可适当补充维生素C和维生素E等，提高免疫效果。

（13）药物预防　根据本场发病情况，有计划地对鸡群预防性投药，防止或减少发病。为避免抗药性的产生，应变换给药种类。

73. 如何切实实施鸡场疾病综合防控措施？

鸡场疾病综合防控措施涉及的方面很多，涉及的环节很多，执行过程中涉及的人员很多。

（1）要将鸡场疾病综合防控措施涉及的方面和环节全部明细化，对每一个方面和环节，请专业人员和专家制订实施方案、细则和制度。

（2）针对鸡场疾病综合防控措施的各项实施方案、细则和制度，确定相应的负责人和执行人员及监督员，明确各个人的职责。

（3）鸡场疾病综合防控措施的各项实施方案、细则和制度所涉及的所有人员都要进行学习和培训，完全熟悉本场疾病综合防控措施的各项实施方案、细则和制度。用树立“制度指导工作，制度促进效益”的理念，要贯彻在制度面前人人平等的基本原则，充分调动每位职工的聪明才智，保障肉鸡养殖健康顺利进行，保证本场经济效益稳定增长。

（4）将鸡场疾病综合防控措施的各项实施细则和制度，张挂于适宜的显眼墙壁上。

（5）对鸡场疾病综合防控措施的各项实施细则和制度的执行情况，要实行奖励和惩罚制度。

（6）鸡场疾病综合防控措施的各项实施方案、细则和制度所涉及的所有人员，都有责任和义务去完成好鸡场疾病综合防控措施所赋予自己的岗位任务。

（7）对鸡场疾病综合防控措施的各项实施细则和制度的执行情况，监督员要经常秉公督察和如实记录。发现问题，要及时报告主管场长，及时整改。

（8）鸡场疾病综合防控措施的各项实施方案、细则和制度还要在生产实践中不断修订和完善。

74. 鸡场消毒有哪些方法？

鸡场消毒主要方法有：

（1）饮水消毒　饮水消毒要求所用消毒剂对鸡只的肠道无腐蚀和刺激，一般选用的消毒剂为卤素类，常用的有次氯酸钠、漂白粉、二氯异氰尿酸、二氧化氯等。

（2）喷雾消毒　喷雾消毒分两种情况，一种是带鸡喷雾消毒，主要应用卤素类和刺激性较小的氧化剂类消毒剂，如双季铵盐-碘消毒液、聚维酮碘、过氧乙酸、二氧化氯等；另一种是对空置的鸡舍和鸡舍内的设备进行消毒，一般选择氢氧化钠、甲酚皂、过氧乙酸等。

（3）浸泡消毒　一般选用对用具腐蚀性小的消毒剂，卤素类是其首选，也可用酚类进行消毒。门前消毒池，建议用3%～5%的烧碱溶液消毒。

（4）熏蒸消毒　一般选择高锰酸钾和甲醛，也可用环氧乙烷和聚甲醛。可根据实际情况进行选择。

75. 如何进行鸡场消毒工作？

人员及车辆消毒。任何进入公司大门的人员必须在门卫室按规定严格消毒（紫外线、消毒垫、消毒盆）。任何进入公司大门的车辆必须在门卫处严格消毒（高压喷雾消毒）。任何进入生产区的工作人员必须消毒，更换已消毒的工作服、鞋等。来访人员经批准进入生产区，应沐浴、消毒，更换场内提供的衣服、鞋套、头套等，并按指定路线进行参观。进入生产区的车辆应彻底冲洗干净（包括车厢内），经过严格消毒处理后在场外至少停留30分钟以上，才能进入生产区。人员回场后应立即洗澡、消毒，换洗衣服应用消毒液浸泡。工作人员进入本车间应消毒；包括消毒盆洗手、脚踏消毒垫。

生产区环境消毒。生产主管负责生产区环境消毒工作。每周消毒一次，特殊情况另作安排。严格按照消毒剂使用说明的比例适量配制溶液。每月更换一种消毒剂，消毒剂交替使用。生产区大门的消毒池内的消毒液每周更换一次，以达到消毒效果。

生活区消毒规定。后勤主管负责生活区环境消毒工作。每15 天消毒一次，特殊情况另作安排。每月 15 号和月末按时消毒，雨天顺延。消毒范围：道路、下水道、食堂、宿舍、公司大门、娱乐场所、厕所等生活设施，覆盖面 100%。

器械和工具消毒规定。生产工具由本车间饲养员定期消毒。治疗医用器械由生产主管或其指定人员每天定时消毒。生产工具用消毒液作喷雾消毒。注射用具用高压蒸煮消毒。实验室用具和器械用干燥箱消毒。注射器、针头等洗净后，每天定时送到兽医室，集中蒸煮消毒。上水设备、饮水器、水箱等用漂白粉稀释成3%的溶液，浸泡或冲洗消毒。配送饲料的车辆应专用，并定期消毒。

育雏育成场区舍外环境每天消毒两次，舍内带鸡消毒每天两次。

鸡群出栏后没有清理粪便的鸡舍（出栏后 1～3 天），用过氧乙酸 0.5%喷雾消毒，目的是减少鸡粪对环境的污染。清理粪便后（出栏后 3～5 天）再用 1%的过氧乙酸对鸡舍和鸡舍外 5 米内全部喷洒消毒，目的是减少鸡舍内外病原微生物含量。出栏后6～9 天，对鸡舍内外彻底清扫，做到三无（无鸡粪、无鸡毛、无污染物），然后用 0.3%漂白粉溶液冲洗消毒，风干鸡舍。出栏后 10～12 天，用 3%氢氧化钠对鸡舍各个角落喷洒消毒，然后用 20%石灰乳涂刷墙壁、泼洒地面，要求涂匀，泼匀，不留死角，过一段时间用少量清水清洗鸡舍。用高锰酸钾和甲醛熏蒸消毒后密闭鸡舍。在进雏前 5 天，打开鸡舍，放尽舍内的甲醛气体，然后整理器具，升温，准备进鸡。

要根据消毒药物的标识、结合自己鸡舍环境、鸡病情况合理选择消毒药物，并注意严格按照消毒药物的使用说明调配消毒药物，提高消毒药的效力，达到消毒的目的。

鸡场消毒注意事项：

药物浓度和作用时间。药物的浓度越高，作用时间越长，消毒效果越好，但对组织的刺激性越大。如浓度过低，接触时间过短，则难以达到消毒的目的。因此，必须根据消毒药物的特性和消毒的对象，恰当掌握药物浓度和作用时间。

消毒剂温度和被消毒物品的温湿度。在适当范围内，温度越高，消毒效果越好，据报道，温度每增加 10℃，消毒效果增强 1～1.5 倍。消毒通常在 15～20℃的温度下进行。

环境中的有机物含量。消毒药物的消毒效果与环境中的有机物含量成反比。如果消毒环境中有机物的污物较多，就会影响消毒效果，有机物一方面可以掩盖病原体，对病原体起保护作用，另一方面可降低消毒药物与病原体的结合而降低消毒作用。建议养殖户在对鸡舍消毒时，尽量清理干净鸡舍内的鸡粪、墙壁上的污物。

环境中酸碱度（pH）。环境中的酸碱度对消毒药物药效有明显的影响，如酸性消毒剂在碱性环境中消毒效果明显降低；表面活性剂的季铵盐类消毒药物，其杀菌作用随 pH 的升高而明显加强；苯甲酸则在碱性环境中作用减弱；戊二醛在酸性环境中较稳定，但杀菌能力弱，当加入 0.3％碳酸氢钠，使其溶液 pH 达 7.5～8.5 时，杀菌活性显著增强，不但能杀死多种繁殖性细菌，还能杀死带芽孢的细菌；含氯消毒剂的最佳 pH 为 5～6；以分子形式起作用的酚、苯甲酸等，当环境 pH 升高时，其杀菌作用减弱甚至消失；而季铵盐、氯己定、染料等随 pH 升高而增强。

微生物的敏感性。不同的病原体对不同的消毒药敏感性有很大差别，如病毒对酚类的耐受性大，而对碱性的消毒药物敏感；

乳酸杆菌对酸性耐受性大，生长繁殖期的细菌对消毒药较敏感，而带芽孢的细菌则对消毒药物耐受性较强。

消毒药物的颉颃作用。两种消毒药物混合使用时可能会降低药效，这是由于消毒药的理化性质决定的。养殖户在消毒时尽量不要用两种消毒药物配合使用，并且两种不同性质的消毒药使用时要隔开时间。如过氧乙酸、高锰酸钾等氧化剂与碘酊等还原剂之间可发生氧化还原反应，不但会减弱消毒作用，还会加重对皮肤的刺激性和毒性。

喷雾消毒注意事项。消毒前 12 小时内给鸡群饮用 0.1%维生素 C 或水溶性多种维生素溶液；选择刺激性小、高效低毒的消毒剂，如 0.02%百毒杀、0.2%抗毒威、0.1%新洁尔灭、0.3%～0.6%毒菌净、0.3%～0.5%过氧乙酸或 0.2%～0.3%次氯酸钠等；喷雾消毒前，鸡舍内温度应比常规标准高 2～3℃，以防水分蒸发引起鸡受凉造成鸡群患病；进行喷雾时，雾滴要细。喷雾量以鸡体和网潮湿为宜，不要喷得太多太湿，一般喷雾量按每立方米空间 15 毫升计算，干燥的天气可适当增加，但不应超过 25 毫升/米^3，喷雾时应关闭门窗；冬季喷雾消毒时最好选在气温高的中午，平养鸡则应选在灯光调暗或关灯后鸡群安静时进行，以防惊吓，引起鸡群飞扑挤压等现象。

另外，许多养殖户用干的生石灰消毒，这是很不科学的。用生石灰消毒时要把生石灰加水变成熟石灰，再用熟石灰加水配成乳浊液进行消毒，一般用熟石灰加入 40%～90%（按重量计）的水，生成 10%～20%的石灰水乳液，泼洒地面即可。石灰水溶液必须现配现用，不能放置时间过长，否则石灰水溶液熟石灰成分会转化成碳酸钙而降低消毒效果。

76. 疫苗接种的常用方法有哪几种？

鸡进行免疫接种时常用方法有滴鼻、滴眼、饮水、气雾、皮下注射、肌内注射、刺种。采用哪一种免疫接种方法应根据具体情况而定。

（1）滴鼻、滴眼免疫法　是使疫苗从呼吸道及眼部黏膜进入体内的方法。此方法应用较广，新城疫、传染性支气管炎、传染性法氏囊病等很多弱毒疫苗均采用此种方法。雏鸡应用此方法可避免疫苗被母源抗体中和。此法逐只接种，确实可靠，是较好的接种方法。具体操作是：①将疫苗按照免疫液体用量溶于稀释液或灭菌生理盐水中。②使用标准滴管，将一滴溶液自数厘米高处，垂直滴进雏鸡眼睛或一侧鼻孔（用手按住另一侧鼻孔）。使用滴鼻免疫法时，应注意观察疫苗溶液确实被吸入。

（2）饮水免疫法　饮水免疫法适用于鸡只数量很大的鸡群，此方法比滴鼻、滴眼免疫法方便、省力，还可避免因抓鸡而造成鸡的应激反应。但在饮水免疫过程中，鸡只饮水量肯定有差异，饮水速度有快慢，鸡群的免疫剂量就不均一，诱导鸡产生的免疫水平就参差不齐。具体操作方法及注意事项如下：①准备配制疫苗的水，水中不能含消毒剂及一些金属离子（如铁、铜、锌等），它们对活菌（毒）疫苗的活力有影响。在水中开启盛有疫苗的小瓶。②以清洁棒搅拌，将疫苗和水充分混匀。③配制疫苗不能使用各种金属容器，饮水器要用无毒塑料制品，饮水器消毒后，必须用水冲洗干净，避免残留消毒剂杀死疫苗毒。④免疫前，夏季鸡群应停水 2 小时，其他季节停水 3～4 小时，保证鸡喝到足够的疫苗。⑤要有足够的饮水器，以确保每只鸡均有饮水位置。

（3）气雾免疫法　气雾免疫法采用气雾枪或气雾器，将疫苗喷雾形成雾化粒子，雾化粒子均匀地浮游于空气中逗留一段时间，随鸡的呼吸过程进入体内，诱导鸡产生免疫力。此方法省时省力，适用于鸡群鸡只数量大、密集饲养的鸡场。某些对呼吸道有亲嗜性的弱毒疫苗，如新城疫、传染性支气管炎等弱毒疫苗适宜采用这种免疫法。气雾免疫法具体操作及注意事项如下：①任何农用背负式喷雾器均可用，喷雾器内须无沉淀物、腐蚀剂及消毒剂残留，最好是疫苗接种专用。②准备配制疫苗的水，水中不能含消毒剂及一些金属离子（如铁、铜、锌等），它们对活菌（毒）疫苗的活力有影响。在水中开启盛有疫苗的小瓶。水的用量参见在关疫苗使用说明书。③作喷雾免疫前，关闭门窗和通风设备。④将疫苗溶液均匀地喷向一定数量的鸡只，喷洒距离为30～40厘米，最好将鸡只圈于光线幽暗处时给予免疫。⑤此种免疫方法对鸡群易造成应激反应，诱发呼吸道细菌感染等，在免疫同时应在饲料或饮水中适当添加抗生素。

（4）皮下注射和肌内注射　此法吸收快、剂量准确、效果确实。灭活苗接种必须用注射方法，不能采用其他方法。具体操作及注意事项如下：①适用于灭活疫苗的注射部位有颈部、翅膀、胸部、腿部和尾部。依据鸡的年龄、接种疫苗类型、鸡的商业用途等，来确定采用皮下注射或肌内注射。②注射疫苗应使用比较粗的针头。注射前将灭活疫苗置于室温下，使之达到周围环境的温度。开启疫苗瓶之前，请阅读包装中的说明书和瓶签，并认真核实其生产日期及有效期。疫苗不要在鸡舍内开启，也不要置于阳光下曝晒。③所用的注射器、针头，使用前必须进行严格消毒。一瓶疫苗注射完后都必须更换消毒的针头。④颈部皮下注射，用手轻轻提起鸡的颈部皮肤，将针头从颈部皮下，朝身体方向刺入，使疫苗注入皮肤与肌肉之间。⑤使用油乳剂疫苗时，可用翅膀注射代替胸、腿肌内注射，用手提起鸡的翅膀，将针头朝身体的方向刺入翅膀肌肉，小心刺破血管或损伤骨头。⑥胸肌内注射，适用注射剂量要求十分准确的疫苗。将针头成30°～45°，于胸1/3处朝背部方向刺入胸肌。切忌垂直刺入胸肌，以免刺入胸腔。⑦腿部肌内注射，适用于笼养的种鸡群及商品蛋鸡群。将针头朝身体的方向刺入外侧腿肌。注意避免刺伤腿部的血管、神经和骨头。⑧由于怕影响鸡肉品质或其他原因，不能在颈部、胸部、腿部和翅膀注射疫苗时，可采用尾部注射。尾部注射方法，将针头朝着头部方向，沿着尾骨一侧刺入尾部。为防止疫苗渗漏，不能过早拔出针头。

（5）刺种　鸡痘可用翼膜刺种的方法。鸡痘刺种一般是用接种针或蘸水钢笔尖蘸取疫苗，刺种于翅膀内侧无血管处。小鸡刺种一针即可，较大的鸡可刺两针。

77. 影响疫苗免疫效果的因素有哪些？

影响疫苗免疫效果的因素主要有：

（1）遗传因素　动物机体对接种抗原的免疫应答在一定程度上是受遗传控制的，因此，不同品种鸡甚至同一品种的不同鸡只，对同一种抗原的免疫反应强弱也有差异。在接种疫苗的鸡群中，不同个体的免疫应答程度都有差异，有的强一些，有的较弱，免疫应答的强弱或水平高低呈正态分布，因而绝大部分动物在接种疫苗后都能产生较强的免疫应答，但因个体差异，会有少数动物应答能力差，因而在有强毒感染时，不能抵抗攻击而发病。

（2）营养状况　维生素、微量元素、氨基酸的缺乏都会使机体的免疫功能下降。例如，维生素A缺乏会导致淋巴器官的萎缩，影响淋巴细胞的分化、增殖，受体表达与活化，导致体内的T淋巴细胞、NK细胞数量减少，吞噬细胞的吞噬能力下降。因此，尽量供应优质、全价饲料，保证鸡群正常的营养状态。

（3）环境因素　环境因素包括鸡生长环境的温度、湿度、通风状况、环境卫生及消毒等。如果环境过冷过热、湿度过大、通风不良都会使机体出现不同程度的应激反应，导致机体对抗原的免疫应答能力下降，接种疫苗后不能取得相应的免疫效果，表现为抗体水平低、细胞免疫应答减弱。环境卫生和消毒工作做得好，可减少或杜绝强毒感染的机会，使动物安全渡过接种疫苗后的诱导期。只要环境搞得好，就大大减少动物发病的机会，即使抗体水平不高也能得到有效的保护。如果环境卫生差，存在有大量的病原，即使抗体水平较高也会存在发病的可能。

（4）疫苗的质量　疫苗质量是免疫成败的关键因素。弱毒疫苗接种后在体内有一个繁殖过程，因而接种的疫苗中必须含有足够量有活力的病原体，否则会影响免疫效果。灭活苗接种后没有繁殖过程，因而必须有足够的抗原量，才能刺激机体产生坚强的免疫力。因此，必须选购高品质、正规疫苗产品。

（5）保存与运输　疫苗是用微生物及其代谢产物或人工合成方法制成，大部分为是蛋白质，或由脂类、多糖和蛋白质合成复合物，有的还是活微生物，一般均怕热、怕光，需要冷藏。为了保证疫苗从生产到使用的整个过程均在适当的冷藏条件下进行，需要的多环节链式贮存、运输设备称为冷链。冷链设备的短缺或管理不善，会使疫苗质量下降甚至失效，影响到疫苗的免疫效果，甚至因此出现接种反应。

（6）疫苗的使用　在疫苗的使用过程中，有很多因素会影响免疫效果，如疫苗的稀释方法、水质、雾粒大小、接种途径、接种剂量、接种次数、接种间隔时间等都是影响免疫效果的重要因素。应根据疫苗的免疫机理，选择最适宜的接种途径。接种剂量，一定剂量范围内，免疫力产生和接种剂量成正比，疫苗接种剂量越大，产生的免疫应答越强，免疫效果越好。但接种剂量不能任意增减，应按生物制品规定进行。剂量过大过小均可造成免疫耐受性，影响免疫效果，剂量过大还容易出现接种反应。接种间隔时间，包括基础免疫和加强免疫间的间隔。间隔时间长短根据预防接种制剂的性质、产生免疫反应的快慢、注射后机体吸收快慢而定。加强免疫间隔需根据体内抗体消失的快慢而定。按时进行加强免疫，能很快提高体内抗体水平，增强免疫效果。

（7）病原的血清型与变异　有些疾病的病原含有多个血清型，给免疫防治造成困难。如果疫苗毒株（或菌株）的血清型与引起疾病病原的血清型不同，则免疫接种难以取得良好的预防效果。针对一些易变异的病原，疫苗免疫往往不能取得很好的免疫效果。针对多血清型的疾病应考虑使用多价苗。

（8）疾病发生对免疫的影响　有些疾病可以引起免疫抑制，从而严重影响了疫苗的免疫效果，比如鸡群感染马立克氏病病毒、传染性法氏囊病病毒等，这些病毒感染导致鸡只发病，其免疫功能受到抑制，会影响其他疫苗的免疫效果，甚至引起免疫失败。另外，动物的免疫缺陷症、中毒病等对疫苗的免疫效果都有不同程度的影响。

（9）母源抗体　母源抗体赋予动物的被动免疫力对新生动物是十分重要的，然而对疫苗的接种也带来一定的影响。雏鸡在免疫接种弱毒疫苗时，如果雏鸡的体内存在较高水平的母源抗体，会严重影响弱毒疫苗的免疫效果。鸡新城疫、马立克氏病、传染性法氏囊病的弱毒苗免疫都存在母源抗体的干扰问题。为了避免母源抗体的干扰作用，须测定雏鸡的母源抗体水平，来确定首免日龄。如果中鸡和大鸡的体内存在较高水平的抗体，也会干扰鸡新城疫、传染性法氏囊病、传染性支气管炎的弱毒苗免疫接种，只有当中鸡和大鸡的体内的抗体水平降到比较低的时候，才可以进行接种弱毒苗。

（10）病原微生物之间的干扰作用　两种或多种弱毒疫苗同时免疫接种，往往会出现干扰现象，其中一种弱毒疫苗会干扰另一种弱毒疫苗的免疫效力，如传染性支气管炎的弱毒苗对新城疫病毒弱毒疫苗有干扰作用。

78. 制订与实施免疫程序应考虑哪些方面?

免疫程序是指给某种动物接种某一种疫苗的计划，包括疫苗类别、接种方法和途径、首免时间、接种次数、间隔时间等方面。

制定免疫程序的依据主要有下列方面：

（1）本地区禽病疫情　免疫的疫病种类应包括可能在本地暴

发及流行的主要疫病，如刚流行过的疫病或正在附近鸡场流行的疫病等。对于我国养鸡业来说，重要的家禽传染病，如鸡马立克氏病、鸡新城疫、鸡传染性法氏囊病、鸡传染性支气管炎、鸡传染性喉气管炎、鸡产蛋下降综合征等，在我国大部分的地区广为流行，且难以及时控制，也无法治愈，因此应将以上疾病的免疫纳入免疫程序中。

（2）本鸡场的发病史　每一鸡场都有自己的发病史，就像人的病历一样。制定免疫程序时必须考虑本场已发过什么传染病、发病日龄、发病频率和发病批次。依此确定疫苗免疫的种类和免疫时机。

（3）鸡场原有的免疫程序和免疫使用的疫苗　如某一传染病始终控制不住，这时应考虑原来的免疫程序是否合理或疫苗毒株是否对号。做详细调查研究后，依据调查结论，修改免疫程序或变换疫苗。

（4）所养肉鸡的用途及饲养时间长短不同，接种疫苗的种类和次数也有差异。

（5）雏鸡的母源抗体水平的影响　了解雏鸡的母源抗体的水平、抗体的整齐度和抗体的半衰期及母源抗体对疫苗不同接种途径的干扰，有助于确定首免时间。这一点在选择鸡马立克氏病、鸡新城疫和鸡传染性法氏囊病活疫苗时应认真考虑。母源抗体的半衰期，传染性法氏囊病为6天。新城疫为4～5天。对呼吸道类传染病，首免方式最好是滴鼻、点眼免疫，即能刺激较好的免疫应答又能避免母源抗体的干扰。

（6）不同品种的鸡对某些病原体抵抗力的差异　如肉用种鸡对病毒性关节炎病毒的易感性要比蛋用鸡高。因此，应将病毒性关节炎列入肉用种鸡的免疫程序中。

（7）家禽日龄与对某些病原体的易感性的关系密切　例如，1～3日龄雏鸡对鸡马立克氏病的易感性最高，并且随着日龄增长，易感性降低，因此，必须在雏鸡出壳后24小时内完成鸡马立克氏病免疫接种。鸡痘在35日龄以后免疫，一次即可，35日龄以内免疫，则必须免疫两次。传染性喉气管炎，成年鸡最易感且发病典型，该病的免疫应在7周龄以后免疫。禽脑脊髓炎宜在10～15周龄免疫，10周龄以前免疫，有时能引起发病，15周以后免疫，可能发生蛋的带毒传播。

（8）季节与疫病发生的关系　有许多病受外界环境因素影响比较大，尤其季节交替、气候变化较大时常发。如慢性呼吸道病，多发于寒冷的冬季，它们的免疫程序必须随着季节有所变化。

（9）免疫途径　同一疫苗的不同途径，可以获得截然不同的免疫效果，例如，鸡新城疫La Sota弱毒株低毒力活疫苗，滴鼻或点眼方式所刺激的免疫效力是饮水免疫的4倍。还有些疫苗病毒亲嗜部位不同，应采用特定的免疫程序，如鸡传染性法氏囊病活疫苗的毒株具有肠道亲嗜性，可以在肠道组织内大量繁殖，其最佳免疫途径是滴口或饮水。又如鸡痘活疫苗亲嗜表皮细胞，适宜的免疫途径是刺种。

（10）根据流行病学特点，有针对性的选用同一血清型或亚型的疫苗毒株。

（11）对附近鸡场暴发传染病时，除采取常规措施外，必要时进行紧急接种。

（12）同一种疫苗应根据其毒株毒力强弱不同，应先弱后强免疫接种，如对鸡传染性支气管炎的免疫，首免应选用毒力较弱的H120株，二免应选用毒力相对较强的H52株；对鸡传染性法氏囊病的免疫则采用先弱毒后中等毒力毒株。

（13）对于难以控制的传染病，如鸡新城疫、鸡传染性支气管炎，了解活苗和死苗优缺点及相互关系，合理搭配使用，取各自所长，可有效控制疫病的发生。

（14）合理安排不同疫苗的接种时间，尽量避免不同疫苗毒株间的干扰。

（15）根据疫苗产品质量，确定合适的免疫剂量或疫苗稀释量。

（16）根据疫苗类别，确定合适的接种时间和次数。

（17）根据免疫监测结果及多发病流行特点，对免疫程序及时进行必要的修改和补充。

实施免疫程序应注意：

（1）由技术场长牵头组织一个专门小组，负责制订和实施本场的免疫程序。

（2）由专门小组拟订本场的免疫程序的操作规范，对具体执行的员工进行培训。

（3）对所有购买的疫苗，由专人登记，按照疫苗贮藏规范进行保管，要经常检查。

（4）对每一次免疫接种工作，专门小组负责人都要对具体执行的员工进行详细讲解。专门小组成员要进行检查和监督，并作好详细记录。免疫接种工作过程中及完成后，具体执行的员工要密切关注鸡群的状态，如果发现异常，就要及时向专门小组成员报告。专门小组成员应立即处理。

（5）在免疫接种工作前后，若需要监测鸡群的免疫水平，由专门小组成员负责实施。

79. 鸡场药物使用规范有哪些？

鸡场药物使用规范有下列方面：

（1）采购兽药必须来自具有《兽药生产许可证》和产品批准文号的生产企业，或者具有《进口兽药许可证》的供应商。所用兽药的标签应符合《兽药管理条例》的规定。不向无药品经营许可证的销售单位购买鸡用药物，不购进禁用药、无批准文号、无成分表的药品。

（2）严把购回兽药的入库验收关，保证入库药品的包装及数量完整。药品的质量验收包括药品外观性质检查、药品内外包装及标识的检查。标识的检查主要内容有：品名、规格、主要成分、批准文号、生产日期、有效期等。对购进的药品登记内容包括：药品的品名、剂量、规格、有效期、生产厂商、供货单位、购进数量、购货日期。

（3）药品仓库要专仓专用、专人专管。在仓库内不得堆放其他杂物。药品按剂量或用途及储存要求分类存放，陈列药品的货柜或厨子应保持清洁和干燥。地面必须保持整洁。非相关人员不得进入。

（4）药品出库应开《药品领用记录》，详细填写品种、剂型、规格、数量、使用日期、使用人员、何处使用，须在技术员指导下使用，并做好记录。

（5）加强药品有效期管理，注意药品有效期，严禁发放过期药品，对已快过期药品及时上报生产部门，并协助供销部门做好处理。药品进药房后，应严格按照有效期的远近分别存放，严格执行“近期先出，易变先出”的原则，防止过期失效。

（6）严格按照药品贮存条件，保管好药品。根据药品性质做到密闭、低温、避光保存，以保证贮存期药品质量。

（7）严格执行《中华人民共和国兽药规范》、《药物饲料添加剂使用规范》规定的使用对象、用量、休药期。饲料中不直接添加兽药。使用药物饲料添加剂应严格执行休药期制度。严格执行兽医处方用药，不擅自改变用法、用量。禁止使用国家法规禁止使用的兽药和对人体、动物有害的化学物质。禁止使用未经农业部批准或已经淘汰的兽药。禁止使用过期失效、变质和有质量问题的饲料和兽药、疫苗。要按照有关规定要求，根据药物及停药期的不同，在肉鸡出笼上市前及时停药，以避免药物残留污染上市鸡肉。在鸡只饲养过程中要禁止使用己烯雌酚、氯霉素、痢特灵等明文禁止的药物，不得将人畜共用的抗菌药物作用添加剂。

（8）采用适宜的给药方法　根据用药的目的、病情缓急及药物的本身性质来确定最适宜的给药方法。如预防用药，一般是拌料或饮水等，这样省工省时；如个别治疗用药，一般是口服、注射，这样用药量准确，效果确实。

(9) 注意给药时间　为了达到预期的效果，减少不良反应，用药剂量应当准确，并按规定时间和次数给药。有些药物的剂量要求比较严格，剂量稍大或饲喂时间过长，就会引起中毒。

(10) 注意配伍禁忌　两种以上药物在同一时间配伍使用，其结果要比单用某种药物好些。但在许多情况下，药物之间配合不当可能出现减弱疗效，增加毒性。这种配伍变化属于禁忌，必须避免。

(11) 作好用药记录　要对免疫接种及用药情况进行详细登记，填写好用药登记表。建立肉鸡药品使用记录档案，妥善保管，保存期为 2 年。

80. 如何防控禽流感？

由 A 型流感病毒中的任何一个亚型引起的一类家禽传染病。A 型流感病毒能感染多种动物，包括家禽、猪、马等。A 型流感病毒的某些亚型（H5N1、H7N7、H3N2）也能感染人类。

(1) 流行病学特点　易感动物有火鸡、鸡、鸭、鹅、野鸭、鹌鹑、鸽、珍珠鸡、雉鸡、鹧鸪、鹦鹉、燕鸥、燕子、麻雀、乌鸦、燕八哥等，海豹、猫、老虎、人等。

传染来源：感染的家禽，感染的野生鸟类、观赏鸟类，感染的其他动物。

自然感染途径为呼吸道和消化道。传播方式，感染者从粪便和鼻、口腔分泌物中大量排放病毒，污染附近的物体，间接或直接感染健康家禽。发病率和死亡率与家禽品种和易感性、毒株毒力、并发症、饲养条件等有关。

(2) 临床症状和病理变化特点　鸡流感的临床症状可分为急

性败血型、急性呼吸型和隐性感染。

急性败血型。突然发生，最早有的无症状突然死亡。食欲废绝、沉郁，冠和肉髯发黑并肿胀，头部和眼睑肿胀，眼结膜发炎，呼吸困难，下痢，神经症状。产蛋明显减少或停产。病死率高，达50%以上。主要病变，可能有口腔黏膜、腺胃、肌胃、肠道黏膜出血；头、颈、胸部水肿，胸肌、心脏和腹部脂肪有散在出血点，肝、脾、肾、肺上有灰黄色坏死灶，卵巢和输卵管充血或出血，卵黄性腹膜炎等。

急性呼吸型。喷嚏、啰音、鼻窦肿胀，产蛋量、受精率和孵化率明显下降。发病率高，病死率低。主要病变：可能有鼻窦炎、气管炎、气囊炎，卵泡变形、输卵管炎，卵黄性腹膜炎，内脏的尿酸盐沉积，肾肿，肺充血和水肿等。

（3）诊断　根据发病特点，症状和病变特征作出初步诊断。将疫情及时报告地方动物疾病控制中心，由他们采集病料，并将病料送到国家禽流感参考实验室进行确诊。

（4）防治　如果怀疑发生的禽流感是高致病性禽流感，就要及时上报地方动物疾病控制中心，及时确诊。如果确诊是高致病性禽流感，就要严格封锁，对发病鸡场的鸡只完全扑杀。如果怀疑是非高致病性禽流感，并得到确诊，就可以对发病鸡群适当使用一些中药。

如果在本地或离本地不远的地方发生了禽流感疫情，就要高度重视本场的综合防治工作。特别要控制本场所有工作人员的流动，不能到疫区。控制好车辆、用具、工具、野生动物和鸟类等进入场区。切实作好隔离、消毒工作。最好将本场进行一段封锁式饲养管理。

鸡场工作人员要作好防护工作，以免被感染。被感染后，要及时去医院就诊。人感染后的症状主要表现为结膜炎，高热、咳嗽、流涕、肌痛等，有的伴有严重的肺炎，病情严重者多种脏器衰竭，导致死亡，病死率高。此病毒可通过消化道、呼吸道、皮肤损伤和眼结膜等多种途径传播。

81. 如何防控新城疫?

新城疫（ND）是由新城疫病毒引起的一种急性、热性、败血性和高度接触性传染病，其特征是高热、呼吸困难、下痢和出现神经症状。主要侵害鸡和火鸡，其他禽类也可受到感染。

新城疫病毒可经过消化道或呼吸道，也可经眼结膜、受伤的皮肤和泄殖腔黏膜侵入机体，病毒在24小时内很快在侵入部位繁殖，随后进入血液扩散到全身，引起病毒血症。此时病毒吸附在细胞上，使红细胞凝集、膨胀，继而发生溶血。同时病毒还使心脏、血管系统发生严重损害，导致心肌变性而发生心脏衰竭，从而引起血液循环高度障碍。由于毛细血管通透性坏死性炎症，因而临诊上表现严重的消化障碍和下痢。在呼吸道则主要发生卡他性炎症和出血，使气管被渗出的黏液堵塞，造成高度呼吸困难。在病的后期，病毒侵入中枢神经系统，常引起非化脓性脑炎变化，导致神经症状。

（1）流行病学特点　鸡、野鸡、火鸡、珍珠鸡、鹌鹑易感。其中以鸡最易感，野鸡次之。不同年龄的鸡易感性存在差异，幼雏和中雏易感性最高，两年以上的老鸡易感性较低。水禽如鸭、鹅等也能感染本病，并已从鸭、鹅、天鹅和鸬鹚中分离到病毒，但它们一般不能将病毒传给家禽。鸽、斑鸠、乌鸦、麻雀、八哥、老鹰、燕子以及其他自由飞翔的或笼养的鸟类，大部分也能自然感染本病或伴有临诊症状或取隐性经过。

病鸡是本病的主要传染源，鸡感染后临床症状出现前24小时，其口、鼻分泌物和粪便就有病毒排出。病毒存在于病鸡的所有组织器官、体液、分泌物和排泄物中。在流行间歇期的带毒鸡，也是本病的传染源。鸟类也是重要的传播者。该病一年四季均可发生，但以春秋季较多。鸡场内的鸡一旦发生本病，可于

4～5 天内波及全群。

（2）临床症状特点　发病的早晚及症状表现随病毒的毒力、宿主年龄、免疫状态、感染途径及剂量、并发感染、环境及应激情况而有所不同。

依据临诊表现和病程长短，将新城疫分为最急性、急性和慢性三个型：

最急性型。此型多见于雏鸡和流行初期。常突然发病，无特征性症状而迅速死亡。往往头天晚上饮食活动如常，翌晨发现死亡。

急性型。表现有呼吸道、消化道、生殖系统、神经系统异常。往往以呼吸道症状开始，继而下痢。起初体温升高达 43～44℃，呼吸道症状表现咳嗽，黏液增多，呼吸困难而引颈张口、呼吸出声，鸡冠和肉髯呈暗红色或紫色。精神委顿，食欲减少或丧失，渴欲增加，羽毛松乱，不愿走动，垂头缩颈，翅翼下垂，鸡冠和肉髯呈紫色，眼半闭或全闭，状似昏睡。

母鸡产蛋停止或软壳蛋。病鸡咳嗽，有黏性鼻液，呼吸困难，有时伸头、张口呼吸，发出“咯咯”的喘鸣声，或突然出现怪叫声。口角流出大量黏液，为排除黏液，常甩头或吞咽。嗉囊内积有液体状内容物，倒提时常从口角流出大量酸臭的暗灰色液体。排黄绿色或黄白色水样稀便，有时混有少量血液。后期粪便呈蛋清样。部分病例中，出现神经症状，如翅、腿麻痹，站立不稳，水禽、鸟等不能飞动、失去平衡等，最后体温下降，不久在昏迷中死去，死亡率达 90％以上。1 月龄内的雏禽病程短，症状不明显，死亡率高。

慢性型。多发生于流行后期的成年禽。耐过急性型的病禽，常为以神经症状为主，初期症状与急性型相似，不久有好转，但出现神经症状，如翅膀麻痹、跛行或站立不稳，头颈向后或向一侧扭转，常伏地旋转，反复发作。在间歇期内一切正常，貌似健康。但若受到惊扰刺激或抢食，则又突然发作，头颈屈仰，全身抽搐旋转，数分钟又恢复正常。最后可变为瘫痪或半瘫痪，或者逐渐消瘦，终至死亡，但病死率较低。

（3）病理变化特点　由于病毒侵害心血管系统，造成血液循环高度障碍而引起全身性炎性出血、水肿。在病的后期，病毒侵入中枢神经系统，常引起非化脓性脑炎变化，导致神经症状。消化道病变以腺胃、小肠和盲肠最具特征。腺胃乳头肿胀、出血或溃疡，尤以在与食管或肌胃交界处最明显。十二指肠黏膜及小肠黏膜出血或溃疡，有时可见到“岛屿状或枣核状溃疡灶”，表面有黄色或灰绿色纤维素膜覆盖。盲肠扁桃体肿大、出血和坏死。呼吸道以卡他性炎症和气管充血、出血为主。鼻道、喉、气管中有浆液性或卡他性渗出物。产蛋鸡常有卵黄泄漏到腹腔形成卵黄性腹膜炎，卵巢滤泡松软变性，其他生殖器官出血或褪色。

弱毒株感染、慢性或非典型性病例，可见到气囊炎，囊壁增厚，有卡他性或干酪样渗出。

（4）诊断　可根据典型临床症状和病理变化做出初步诊断，确诊需进一步做实验室诊断。

临床诊断依据。精神萎靡，采食减少，呼吸困难，饮水增多。常有“咕噜”声，排黄绿色稀便；发病后部分鸡出现转脖、望星、站立不稳或卧地不起等神经症状，多见于发病的雏鸡和育成鸡；产蛋鸡产蛋减少或停产，软皮蛋、褪色蛋、沙壳蛋、畸形蛋增多，卵泡变形、卵泡血管充血、出血；腺胃乳头出血，肠道表现有枣核状紫红色出血、坏死灶。喉头和气管黏膜充血、出血，有黏液；血凝抑制抗体显著升高或两极分离，离散度增大；注意新城疫与禽流感、传染性支气管炎、传染性喉气管炎、肾传支等的并发和继发感染情况，在诊断和防治鸡新城疫的同时，应特别留意与这些疾病的鉴别诊断与联合防治，特别是联合免疫工作；应注意非典型新城疫患病鸡群和高免鸡群中，由于漏免而存在的易感个体在存储和散播新城疫病毒过程中的作用，重视防治非典型新城疫。

实验室诊断。在国际贸易中，尚无指定诊断方法。替代诊断方法为血凝抑制试验。

样品采集：用于病毒分离，可从病死或濒死鸡采集脑、肺、脾、肝、心、肾、肠（包括内容物）或口鼻拭子，除肠内容物需单独处理外，上述样品可单独采集或者混合。或从活禽采集气管和泄殖腔拭子，雏禽或珍禽采集拭子易造成损伤，可收集新鲜粪便代替。上述样品立即送实验室处理或于4℃保存待检（不超过4天）或－30℃保存待检。

病原检查：①病毒培养鉴定，样品经处理后，接种9～10日龄SPF鸡胚，37℃孵育4～7天，收集尿囊液做HA试验测定效价，用特异抗血清（鸡抗血清）或I试验判定ND病毒存在。②毒力测定，1日龄雏鸡脑内接种致病指数（ICPI）测定、6周龄鸡静脉内接种致病指数（IVPI）测定、鸡胚平均死亡时间（MDT）测定。

血清学试验：病毒血凝抑制试验、酶联免疫吸附试验，用于现场诊断、流行病学调查和口岸进出境鸡检疫的筛检。用于血清学试验的样品，一般采集血清。

（5）防治　存在本病或受本病威胁的地区，预防的关键是对健康鸡进行定期免疫接种。平时应严格执行防疫规定，防止病毒或传染源与易感鸡群接触。

新城疫的防治工作是一项综合性工程。饲养管理、隔离、消毒、免疫及监测五个环节缺一不可。不能单纯依赖疫苗来控制。加强饲养管理和兽医卫生，注意饲料营养，减少应激，提高鸡群的整体健康水平。特别要强调全进全出和封闭式饲养制，提倡育雏、育成、成年鸡分场饲养。严格实行隔离和消毒制度，杜绝强毒污染和入侵。建立科学的适合于本场实际的免疫程序，充分考虑母源抗体水平，疫苗种类及毒力，最佳剂量和接种途径，鸡种和年龄。坚持定期的免疫监测，随时调整免疫计划，使鸡群始终保持有效的抗体水平。

鸡场发生新城疫的处理：鸡群一旦发生典型鸡新城疫，首先将可疑病鸡检出焚烧或深埋，被污染的羽毛、垫草、粪便、新城疫病变内脏亦应深埋或烧毁。封锁鸡场，禁止转场或出售，立即彻底消毒环境。给鸡群进行Ⅰ系苗加倍剂量的紧急接种。鸡场内如有雏鸡，则应严格隔离，避免Ⅰ系苗感染雏鸡。待最后一个病例处理两周后，并通过严格消毒，方可解除封锁，重新进鸡。

一旦发生非典型新城疫，应立即隔离和淘汰早期病鸡，全群紧急接种3倍剂量的La Sota弱毒（Ⅳ系）活毒疫苗，必要时也可考虑注射Ⅰ系活毒疫苗，配合明显提升免疫力的产品饮水。如果把3倍量Ⅳ系活苗与ND油乳剂灭活苗同时应用，效果更好。对发病鸡群投服多维和适当抗生素，可增加抵抗力，控制细菌感染。

参考免疫程序：

肉仔鸡，7日龄La Sota弱毒苗或Clone-30弱毒苗，滴鼻、点眼；24～26日龄La Sota弱毒苗饮水免疫。或者，7日龄La Sota弱毒苗或Clone-30弱毒苗点眼，加上皮下注射0.3毫升ND灭活苗。

蛋鸡和肉种鸡，7日龄La Sota弱毒苗滴鼻或点眼，同时肌内注射ND灭活苗0.3毫升；28日龄La Sota弱毒苗2倍量饮水；9周龄La Sota弱毒苗喷雾免疫；开产前2～3周，肌内注射ND＋EDS＋IB三联灭活苗。

雏鸡活苗首免、二免、三免适宜的间隔时间是15～20天，即雏鸡5～7天首免，19～21天二免，35天三免，以后根据新城疫HI抗体检测水平免疫或每隔2～3个月作一次加强免疫。如果二免、三免间隔时间过长，则导致鸡群新城疫中和抗体水平处于临界保护水平或以下，新城疫病毒野毒乘虚而入，极易发生新城疫。

新城疫局部免疫的发生部位是呼吸道和消化道，正是新城疫病毒入侵的门户。局部黏膜免疫力缺乏或低下是发生典型新城疫或非典型新城疫的主要原因，可造成雏鸡、育成鸡死亡或产蛋鸡群产蛋量下降和蛋壳质量较差，引起呼吸道症状，甚至死亡。对于产蛋鸡群，产蛋后加强局部黏膜免疫显得相当重要。

82. 如何防控传染性法氏囊病?

传染性法氏囊病（IBD），由双 RNA 病毒科禽双 RNA 病毒属传染性法氏囊病病毒引起的一种急性、高度接触性和免疫抑制性的禽类传染病。

（1）流行病学特点　IBD 自然宿主仅为雏鸡和雏火鸡。所有品种的鸡都可以感染，但轻型品种对病毒反应比重型品种更严重。未发现不同品种的鸡群死亡率有差异。IBD 母源抗体阴性的鸡可于 1 周龄内感染发病，有母源抗体的鸡多在母源抗体下降至较低水平时感染发病。3～6 周龄鸡最易感，也有 15 周龄以上鸡发病的报道。该病全年均可发生，无明显季节性。

病鸡的粪便中含有大量病毒，病鸡是主要传染源。鸡可通过直接接触和 IBDV 污染的饲料、饮水、垫料、尘埃、用具、车辆、人员、衣物等间接传播，老鼠和甲虫等也可间接传播。还可通过污染了病毒的蛋壳传播，但未有证据表明经卵传播。有人从蚊子体内分离出一株病毒，被认为是一株 IBDV 自然弱毒，由此说明媒介昆虫可能参与该病的传播。该病毒可通过消化道和呼吸道感染，经眼结膜也可感染。

该病一般发病率高（可达 100%），而死亡率不高（多为 5%左右，也可达 20%～30%），卫生条件差而伴发其他疾病时死亡率可升至 40%以上，在雏鸡甚至可达 80%以上。

该病的另一流行病学特点，是发生该病的鸡场，常常出现新城疫、马立克氏病等疫苗接种的免疫失败，这种免疫抑制现象常使发病率和死亡率急剧上升。IBD 产生的免疫抑制程度随感染鸡的日龄不同而异，鸡龄越大，则免疫抑制程度越轻，初生雏鸡感染 IBDV 最为严重，可使法氏囊发生坏死性的不可逆病变。1 周龄后或 IBD 母源抗体消失后而感染 IBDV 的鸡，其影响有所减轻。免疫抑制取决于鸡群感染日龄、母源抗体水平、病毒感染与接触其他病原体或接种疫苗之间相隔的时间，以及感染毒株强弱等。

经口传染在 24～48 小时出现临床体征和发生死亡。感染后 24 小时初次检出病毒颗粒和病理组织学变化。病毒首先在并主要在淋巴细胞和巨噬细胞中复制，也在嗜异性细胞、网状组织和法氏囊网状上皮细胞中复制。病毒能通过感染的循环淋巴细胞传播到法氏囊。主要病变在腔上囊，因为只有这个组织部位淋巴细胞最丰富。

（2）临床症状特点　潜伏期为 2～3 天，易感鸡群感染后发病突然，病程一般为 1 周左右。典型发病鸡群的死亡曲线呈尖峰式。发病鸡群的早期症状之一，是有些病鸡有啄自己肛门的现象，随即病鸡出现腹泻，排出白色黏稠或水样稀便。随着病程发展，食欲下降，颈和全身震颤，病鸡步态不稳、羽毛蓬松、精神委顿、卧地不动、体温常升高，泄殖腔周围的羽毛被粪便污染。此时病鸡脱水严重，趾爪干燥，眼窝凹陷，最后衰竭死亡。急性病鸡可在出现症状 1～2 天后死亡，鸡群 3～5 天达死亡高峰，以后逐渐减少。在初次发病的鸡场多呈显性感染，症状典型，死亡率高，以后发病多转入亚临床型。近年来，发现部分Ⅰ型变异株所致的病型多为亚临床型，死亡率低，但其造成的免疫抑制严重。

发生后第 1～2 天有鸡死亡，第 4～7 天死亡率达最高峰，之后鸡慢慢恢复正常。发生率可达 100％，死亡率 20％～30％，但也有达 50％～60％。

（3）病理变化特点　病死鸡肌肉色泽发暗，大腿内外侧和胸部肌肉常见条纹状或斑块状出血。腺胃和肌胃交界处常见出血点或出血斑。法氏囊病变具有特征性，水肿（比正常大 2～3 倍），囊壁增厚，外形变圆，呈土黄色，外包裹有胶冻样透明渗出物，黏膜皱褶上有出血点或出血斑，内有炎性分泌物或黄色干酪样物。随病程延长法氏囊萎缩变小，囊壁变薄，发病第 8 天仅为其原重量的 1/3 左右。一些严重病例，可见法氏囊严重出血，呈紫黑色如紫葡萄状。肾脏肿大，常见尿酸盐沉积，输尿管有多量尿酸盐而沉积扩张。盲肠扁桃体多肿大、出血。

（4）诊断　根据其流行病学、病理变化和临诊症状可作出初步诊断。确诊须病毒分离或免疫学试验。

初步诊断依据：死鸡严重脱水，可见腿肌及胸肌的大片出血点或出血块。法氏囊肿大、化脓，有时出血。肾脏肿大、尿酸沉着。腺胃及肌胃交接处黏膜有时出血。发病突然、病情发展快，发病第 4～7 天死亡率达最高峰，之后迅速恢复正常。法氏囊肿大、出血，或萎缩。

（5）防治　发病鸡舍应严格封锁，每天上下午各进行一次带鸡消毒。对环境、人员、工具也应进行消毒。及时选用对鸡群有效的抗生素，控制继发感染。改善饲养管理和消除应激因素。可在饮水中加入复方口服补液盐以及维生素 C、维生素 K、B 族维生素或 1%～2%奶粉，以保持鸡体水、电解质、营养平衡，促进康复。病雏早期用高免血清或卵黄抗体治疗，雏鸡 0.5～1.0 毫升/羽，大鸡 1.0～2.0 毫升/羽，皮下或肌内注射，必要时次日再注射一次，可获得较好疗效。

加强消毒净化措施。该病毒可通过被污染的环境、饲料、饮水、垫料、粪便、用具、衣物、昆虫等传播，不经过彻底、有效的隔离，消毒措施很难控制。进鸡前鸡舍（包括周围环境）用消毒液喷洒→清扫→高压水冲洗→消毒液喷洒（几种消毒剂交替使用 2～3 遍）→干燥→甲醛熏蒸→封闭 1～2 周后换气再进鸡。饲养鸡期间，定期进行带鸡气雾消毒，可采用 0.3%次氯酸钠或过氧乙酸（按 30～50 毫升/米^3）等。

搞好免疫接种。使用的疫苗主要有灭活苗和活苗两类。灭活苗主要有组织灭活苗和油佐剂灭活苗。使用灭活苗对已接种活苗的鸡效果好，并使母源抗体保护雏鸡长达 4～5 周。免疫程序的制定应根据琼脂扩散试验或 ELISA 方法对鸡群的母源抗体、免疫后抗体水平进行监测，来选择合适的免疫时间。用标准抗原作琼脂扩散试验测定母源抗体水平，若 1 日龄阳性率低于 80%，可在 10～17 日龄首免；若阳性率达到 80%，应在 7～10 日龄再检测后确定首免日龄，若阳性率低于 50%，就在 14～21 日龄首免，若达到 50%，在 17～24 日龄首免。如果未做抗体水平检测，对肉种鸡，一般在 2 周龄，采用较大剂量中毒力型弱毒疫苗首免；4～5 周龄采用较大剂量中毒力型弱毒疫苗加强免疫一次；产蛋前（18～20 周龄）和 38 周龄时各注射油佐剂灭活苗一次，可保持较高的母源抗体水平。肉用雏鸡和蛋鸡多在 2 周龄和 4～5 周龄时进行两次弱毒苗免疫。

83. 如何防控马立克氏病？

马立克氏病（MD）又名神经淋巴瘤病，是鸡的一种淋巴组织增生性、传染性疾病，以对外周神经、性腺、虹膜、各种内脏器官、肌肉和皮肤的单个或多个组织器官发生单核细胞浸润为特征。本病是由细胞结合性疱疹病毒引起的传染性肿瘤病，导致上述各器官和组织形成肿瘤。

（1）病原特点　MD 病原是一种细胞结合性疱疹病毒，已发现的有三个血清型，1 型为致肿瘤性的，2 型为非致肿瘤性的，3 型是火鸡疱疹病毒。火鸡疱疹病毒与 MDV 有明显区别，对鸡无致病性，但可作为预防 MD 的有效疫苗。三个血清型病毒感染的最初靶器官的淋巴细胞不同。致癌性 MDV 感染 B 细胞，2 型 MDV 和 HVT 感染的既不是 B 细胞也不是巨噬细胞。

MDV 毒力的强弱分作三类，一为温和 MDV（mMDV），是 20 世纪 50 年代以前的主要类型，其代表株为 CU2 株。二为强毒 MDV（vMDV），是 60 年代的主要类型，代表株为 JM、GA 和 HPRS-16 株。三为超强毒 MDV（vvMDV），70 年代末以后的一种类型，代表株为 MD5 和 RBIB 株。

（2）流行病学特点　鸡是最主要的自然宿主，其他禽类很少发生鸡马立克氏病，没有多大实际意义。病毒分离和血清学调查表明，鹌鹑、火鸡和山鸡可以发生自然感染。鹌鹑的自然发病已有报道，不仅分离到病毒，而且证实可发生鹌鹑-鸡之间的传播。包括雉、鸽、鸭、鹅、雀、雁等多种禽类都曾发现与鸡马立克氏病相似的大体和显微病变，但都没有从病原学上得到进一步证实。鸭在接种后被感染而不发病。各种哺乳动物对强毒 MDV 均没有感受性。

1 日龄雏鸡人工接种感染后 3～6 天出现溶细胞感染，6～8 天淋巴器官出现变性病变，特别是胸腺和法氏囊萎缩。感染后 2 周左右，可见神经和其他器官有单核细胞浸润，并开始排毒，最早在感染后 18 天前后，一般在 3～4 周出现临诊症状。

大多数鸡群是从 8～9 周龄开始暴发本病，12～20 周龄是高峰期，但也有 3～4 周龄的幼鸡群和 60 周龄的鸡群暴发本病的事例。年龄越小越易感。所谓年龄抵抗力可能与遗传抵抗力相关，因为这个抵抗力在遗传抵抗力强的品系表现更为明显。宿主敏感性的差异是对发病而言而不是指感染病毒。有抵抗力的鸡也能感染病毒并产生特异抗体。

感染 MD 的病鸡，大部分为终生带毒，病毒不断从脱落的羽毛囊皮屑中排出有传染性的 MDV，感染其他易感鸡只，这就是 MD 的传播难于控制的根本性原因。至今还没有证明 MDV 可以垂直传播。

病鸡和带毒鸡是最主要的传染源。鸡只间的直接或间接接触显然是通过气源途径造成病毒的散布。在羽囊上皮细胞中繁殖的病毒具有很强的传染性，这种完全病毒随着羽毛和皮屑脱落到周围环境中，它对外界的抵抗力很强，在室温下至少在 4～8 个月内还保持传染性。病毒主要从呼吸道进入体内。经吸入感染后24小时肺内可查到病毒抗原，可能是吞噬性肺细胞摄取病毒并将其带到其他器官中去。很多外表正常的鸡是可以传递感染的带毒鸡，感染可能无限期持续下去，有些鸡从皮肤排出病毒的时间持续76周。感染鸡的不断排毒和病毒对外界的抵抗力强是造成感染流行的原因。经口感染不是重要的传播途径。经卵的垂直传播即使存在也属罕见，对本病的流行无实际意义。

母鸡比公鸡易感，潜伏期短，死亡率高。母源抗体可降低死亡率，减轻暂时性麻痹的临诊症状和早期死亡综合征。不同品种的鸡对MD的易感性差异很大，有的高度易感，有的抵抗力很强，这取决于遗传结构。人工感染试验证明，易感性高的洛岛红鸡，感染了超强毒力的MD毒株之后，其死亡率可达100%，感染原型强毒株的死亡率为43.8%～68.8%。而抗病力强的品种，如N系鸡，感染超强毒株后的死亡率为62.5%～87.5%，感染原型强毒株的死亡率几乎为0。

各种环境不良因素引起应激、并发感染其他疾病和其他饲养管理不良因素，都可使鸡马立克氏病的发病率和死亡率升高。鸡群中存在传染性法氏囊病毒、鸡传染性贫血病毒、呼肠孤病毒、球虫等，引起严重免疫抑制的感染，均可加重鸡马立克氏病的损失。

（3）临床症状　从感染到发病有较长的潜伏期。最早可在3～4周龄时看到临诊病鸡，大多是在孵房或育雏室早期感染了MD强毒。一般以2～3月龄的鸡发病最为严重，但1～18月龄的鸡均可发病。根据症状和病变发生的主要部位，鸡马立克氏病在临诊上可分为3种类型：神经型、内脏型（急性型）和眼型。各型混合发生也时有出现。

神经型。由于所侵害神经部位不同，症状也不同。以侵害坐骨神经最为常见，表现为一侧较轻一侧较重。病鸡步态不稳，开始不全麻痹，后则完全麻痹，不能站立，蹲伏或呈一腿伸向前方另一腿伸向后方的特征性姿态。臂神经受侵时，则被侵侧翅膀下垂。当支配颈部肌肉的神经受侵时，病鸡发生头下垂或头颈歪斜。当迷走神经受侵时，可引起失声、嗉囊扩张和呼吸困难。腹腔神经受侵时，常有腹泻症状。上述症状易于发现，可发生于不同个体，也可发生于同一个体。病鸡采食困难、饥饿、脱水、消瘦，最后衰竭死亡。

内脏型。多为急性暴发 MD 的鸡群，表现为大多数鸡严重委顿，白色羽毛鸡的羽毛失去光泽而变为灰色。有些病鸡单侧或双侧肢体麻痹，厌食、消瘦和昏迷，最后衰竭而死。部分病鸡死亡而无特征临诊症状。急性死亡数周内停止，也可延至数月，一般死亡率为10%～30%，也有高达70%的。

眼型。可见单眼或双眼发病，视力减退或消失。虹膜失去正常色素，变为同心环状或斑点状以至弥漫性青蓝色到弥散性灰白色混浊不等变化。瞳孔边缘不整齐，严重的只剩一个似针头大小的孔隙。

上述各型的临诊表现经常可以在同一鸡群中同时存在。鸡马立克氏病还伴有体重减轻、鸡冠及肉垂苍白、食欲减退和下痢等非特征性症状，病程长的鸡尤其如此。死亡常由饥饿和脱水直接造成，病鸡大多肢体麻痹不能接近饲料和饮水。同栏鸡的踩踏也是致死的直接原因。

（4）病理变化特点　病鸡最常见的病变表现在外周神经。腹腔神经丛、坐骨神经丛、臂神经丛和内脏大神经是主要的受侵害部位。受害神经增粗，呈黄白色或灰白色，横纹消失，有时呈水肿样外观。因病变往往只侵害单侧神经，诊断时须与另一侧神经比较，以作出判断。

急性 MD 病例，内脏病变以卵巢的受害最为常见，其次为肾、脾、肝、心、肺、胰、肠系膜、腺胃、肠道和肌肉等。在上述组织中可看到大小不一的肿瘤结节或肿块，呈灰白色，质地坚硬而致密。有时肿瘤组织在受害器官中呈弥漫性增生，整个器官变得很大，肿瘤组织色泽灰白，与原有组织的色彩相间存在，呈大理石样斑纹。皮肤病变通常与羽囊有关，但不限于羽囊。病变可以融合在一起，形成淡白色结节，在拔羽后的尸体尤为明显。

法氏囊的眼观变化具有诊断意义。通常为萎缩，有时因滤泡间肿瘤细胞分布而呈弥漫性增厚。这些病变很容易与淋巴白血病时法氏囊的特征性结节肿瘤区别开来。

本病还可出现阻塞性动脉硬化，大冠状动脉、主动脉和主动脉分支以及其他动脉，出现眼观的脂肪动脉粥样变。

（5）诊断　马立克氏病病毒经高度接触传染，实际上在鸡群是普遍存在的。只有一部分感染鸡发展成临诊马立克氏病。不少人把检出病毒或检出特异抗体作为确诊MD依据，其实是一种误解。必须根据流行病学、症状、病理学和肿瘤特异标记等多项指标作出诊断，而血清学方法和病毒学方法主要用于鸡群感染情况的监测。

鉴别诊断。神经型马立克氏病，可根据病鸡特征性麻痹症状及相应外周神经的病理变化确定诊断。内脏型鸡马立克氏病，应与鸡淋巴细胞白血病相区别，二者的眼观变化很相似，根据发病年龄和病变分布可以区别。一般说有下列情况之一者可诊断为鸡马立克氏病：①不存在网状内皮组织增生症的情况下，出现外周神经淋巴性增粗；②16周龄以下的鸡，各内脏器官出现淋巴肿瘤；③16周龄或16周龄以上的鸡，出现各脏器淋巴肿瘤，但法氏囊无肿瘤；④虹膜变色和瞳孔不规则。另外，鸡马立克氏病的法氏囊变化通常是萎缩或弥漫性增厚，而鸡淋巴细胞白血病则常有法氏囊肿瘤。根据上述原则，如仔细剖检并多剖几只鸡，在群体的基础上作出诊断一般不会发生错误。

应用组织学或细胞学方法可提高诊断的准确性。鸡马立克氏病肿瘤由小到大淋巴细胞、淋巴母细胞、浆细胞和MD细胞的混合群体组成，而鸡淋巴细胞白血病是由肿瘤大小一致的淋巴母细胞组成。这些特征可以从常规的苏木精-伊红染色的石蜡切片看到。但是直接从刚剖杀的鸡取肿瘤作触片，用甲基绿哌咯宁或 Shorr 氏染色，可以更清晰地显示细胞结构，且制片的时间只需几分钟，更适合于现场诊断。

MD 肿瘤相关标记是在有疑问时确定诊断的重要手段，MATSA 和 IgM 特别有用，MD 肿瘤有 5%～40%的细胞为 MATSA 阳性，而不到 5%细胞为 IgM 阳性，试验用膜荧光染色或福尔马林固定石蜡切片酶组化法染色。

（6）防治　疫苗接种仍将是防治鸡马立克氏病的主要措施。以防止出雏和育雏阶段的早期感染以及减少鸡群污染强毒为中心的综合性防治措施，对保证和提高疫苗的保护作用和进一步降低鸡马立克氏病引起的损失是必不可少的。

许多研究证明，母源抗体对细胞结合性疫苗和非细胞结合性疫苗均有干扰作用，对冻干的 HVT 疫苗干扰作用特别大。为了克服母源抗体的干扰，疫苗的免疫剂量应适当提高，或肉鸡和其种鸡免疫接种不同血清型的疫苗。克服母源抗体干扰的更好方法，是使用细胞结合苗，尤其是使用 2 型 3 型双价苗。

防止免疫空白期的感染。雏鸡免疫接种 MD 疫苗后，需要两周时间才产生免疫保护力。从接种到产生免疫保护力之间属免疫空白期，若有 MD 病毒野毒存在即可被感染。据资料记载，1 日龄雏鸡比成年鸡的易感性高 1 000～10 000 倍，出壳的雏鸡免疫空白期吸入含有 MD 病毒空气时就能感染上 MD。切实作好出雏室和育雏舍的消毒和除尘工作，安置具有除尘功能的换气设备，确保免疫空白期内饲养环境中不污染 MD 病毒野毒。

防止雏鸡早期感染其他病原体。已知有多种病原体可抑制 MD 疫苗的免疫效力，如传染性法氏囊炎病毒、呼肠孤病毒、鸡传染性贫血因子等。这些病原体在 MD 疫苗免疫效力充分建立之前发生感染，将导致 MD 疫苗的免疫失败。超强毒株的感染也是造成有些鸡群免疫失败的重要原因，使用双价疫苗是防超强毒株感染的最有力措施。

疫苗接种。目前全世界使用的疫苗毒株有三种：第一种是人工致弱的 1 型 MDV，如荷兰的 CV1988、美国的 MD11/75/R2，国内的 K 株（814）等；第二种是自然不致瘤的 2 型 MDV，如美国的 SB1、301B/1 和国内的 Z4；第三种是 3 型 MDV，即 HVT，FC126 是已知最好的 HVT 疫苗毒株，其他 HVT 毒株的免疫效果均比不上它。HVT 与 MDV 有交叉免疫作用，对鸡和火鸡均不致瘤，用它免疫后能抵抗强毒 MDV 的致瘤作用。

单价疫苗：HVT 冻干疫苗，是使用最广泛的单价疫苗，是从感染细胞抽提的无细胞病毒冻干制品，生产成本低，便于保存和使用。细胞结合的 HVT 苗比冻干疫苗免疫效果更好，它受母源抗体的影响较小，但目前国内没生产这种疫苗。

CVI988 是我国部分地区广泛使用的一种进口单价疫苗。据 Witter 氏报告，其效果并不比 HVT 冻干苗好，尤其是完全致弱的高代次 CVI988 克隆 C 疫苗。迄今为止，大量研究资料表明，所试验的 1 型或 2 型单价苗在保护率方面均未明显超过 HVT 单价苗。1 型和 2 型单价疫苗都是细胞结合疫苗。

多价疫苗：主要是由 2 型 MDV 和 3 型 MDV 组成的双价疫苗。由于 2 型 MDV 与 3 型 MDV 之间存在很强的免疫协同作用，2 型 3 型双价疫苗保护率比单价疫苗高得多。双价疫苗不仅能抵抗超强毒的攻击，而且对存在母源抗体干扰和早期感染威胁的鸡群也能提供较好的保护。国外生产的 HVT（FC126）＋SB1 双价疫苗，免疫效果好，1983 年即已注册，目前我国部分地区已使用这种进口疫苗。吴艳涛等研制的 Z4＋FC126 双价疫苗对各种普通鸡的保护率均在 90%以上，免疫效力至少不低于平行试验的 FC126＋SB1 双价疫苗。

双价疫苗中，不同 2 型毒株表现不同，新近国外的研究表明 301B/1 似乎是比 SB1 更好。用 2 型毒（SB1）对幼龄时感染禽淋巴细胞白血病病毒的某些遗传纯系鸡进行免疫接种，曾发现禽淋巴细胞白血病发病率明显增加。但大多数商品鸡不存在这种现象，在生产中很少会发生问题，因此对使用双价疫苗会激发禽淋巴细胞白血病不用担心。

通过实验室试验和田间试验，Witter 氏（1984）认为多价疫苗中的 1 型病毒成分是不必要的，2 型 MDV 和 3 型 MDV 组成的双价疫苗是高效的。试验表明，FC126＋SB1＋MD11/75C/R2 和 FC126＋301B/1＋MD11/75C/R2 三价疫苗，虽然比相应的双价疫苗保护率高，但由于生产成本高、工艺复杂，实际上并未获推广应用。

疫苗使用要注意：①在疫苗运输和保存中，如液氮容器中液氮意外蒸发完，则疫苗失效，应予废弃。疫苗生产厂家和使用单位应指定专人检验补充液氮，以防意外事故。②从液氮罐中取出本品时应戴手套，以防冻伤，取出的疫苗应立即放入 37℃温水中速溶（不超过 30 秒钟），用注射器从安瓿中吸出疫苗时，必须使用 16～18 号针头。③疫苗现配现用，稀释后应在 1 小时内用完，注射过程中应经常轻摇稀释的疫苗，使细胞悬浮均匀。

84. 如何防控鸡痘？

鸡痘是由鸡痘病毒引起的接触性传染病，夏、秋季节多发。主要通过皮肤损伤传染，其中蚊虫叮咬是最主要的传播因素。传播却相当缓慢。

（1）临床症状　鸡痘通常有两种类型：①干燥型（皮肤型）：在鸡冠、口角、脸部和肉垂等部位，出现小泡疹、痘疹及痂皮。②潮湿型（白喉型）：口腔和喉头黏膜出现口疮或黄色伪膜。皮肤型鸡痘较普遍，潮湿型鸡痘的死亡率较高。两类型可能同时发生，也可能单独发生。任何鸡龄都可受到鸡痘病毒侵袭，但它通常于夏、秋两季侵袭成鸡及育成鸡。本病可持续 2～4 周。病鸡群的病死率较低，但发病率比较高，病鸡生长缓慢，影响产蛋率，可诱发其他传染病。如鸡群有混合感染时，死亡率显著增高。鸡舍拥挤、通风不良、氨气过多、阴暗、潮湿时可促进本病的发生。

（2）防治　做好灭蚊及鸡舍和周围环境的清洁卫生工作。由于蚊子是本病的主要传播媒介，应对所有可以滋生蚊虫的水源进行检查，清除这些污水池。用灭蚊药杀死鸡舍内和环境中的蚊子。鸡痘病毒主要存在于脱落的痂皮中，鸡痘病毒对环境的抵抗力很强，能在环境中存活数月，特别要注意舍内和环境的消毒。

预防接种。1日龄以上鸡均可刺种。6～20日龄雏鸡，用200倍稀释的疫苗刺种一下。20日龄以上雏鸡用100倍稀释的疫苗刺种一下，1月龄以上刺种两下。接种3～4天，刺种部位出现红肿、结痂，2～3周后痂块即可脱落。免疫后14天产生免疫力，雏鸡免疫期两个月，成年鸡免疫期5个月。首次免疫，多在10～20日龄，二次免疫在开产前进行。为有效预防鸡痘发生，在蚊虫滋生季节到来之前，做好免疫接种。接种鸡痘疫苗后必须认真检查，只有结痂方为生效，如不结痂，必须重新接种。

可对症治疗病鸡，以减轻症状，防止并发症。可剥除病变部位的痂块，伤口上涂擦紫药水或碘酊。用镊子除去口腔、咽喉处假膜，再涂敷碘甘油。为防止继发感染，可在饲料或饮水中加入广谱抗生素，如环丙沙星、蒽诺沙星等，连用5～7日。

85. 如何防控鸡传染性支气管炎？

由传染性支气管炎病毒引起的鸡的急性接触性呼吸道传染病，临床特征是呼吸困难、发出啰音、咳嗽、张口呼吸、打喷嚏。若病原不是肾病变型毒株或不发生并发病，死亡率一般很低。产蛋鸡感染后通常出现产蛋量下降，蛋的品质降低。本病广泛发生于我国各地，是养鸡业的重要疫病。

（1）流行病学特点　传染性支气管炎病毒对环境抵抗力不强，对普通消毒药敏感。具有很强的变异性，目前世界各地已分离出 30 多个血清型。在这些毒株中多数能使气管产生特异性病变，但也有些毒株能引起肾脏病变和生殖道病变。

传染性支气管炎病毒主要通过空气传播，也可以通过饲料、饮水、垫料等传播。此外，人员、用具及饲料等也是传播媒介。本病传播迅速，常在 1～2 天内波及全群。一般认为本病不能通过种蛋垂直传播。饲养密度过大、过热、过冷、通风不良、疫苗接种、转群等可诱发本病。发病多见于秋末至次年春末，但以冬季最为严重。

传染性支气管炎病毒感染鸡，无明显的品种差异。各种日龄的鸡都易感。母雏鸡 7 日龄内感染发病后，其输卵管受到损伤，康复以后输卵管不能再继续生长发育，导致输卵管畸形，成年后不能产蛋。但 6 周龄内的鸡感染后症状较明显、死亡率可到 15%～19%。

（2）临床症状　呼吸型鸡传染性支气管炎：雏鸡表现为，病鸡无明显的前驱症状，常突然发病，出现呼吸道症状，并迅速波及全群。幼雏表现为伸颈、张口呼吸、咳嗽，有“咕噜”音，尤以夜间最清楚。随着病情的发展，全身症状加剧，病鸡精神萎靡，食欲废绝、羽毛松乱、翅下垂、昏睡、怕冷，常拥挤在一起。两周龄以内的病雏鸡，还常见鼻窦肿胀、流黏性鼻液、流泪等症状，病鸡常甩头。发病率高，雏鸡的死亡率可达 25%，病程一般为 1～2 周。育成鸡，呼吸道症状比病雏鸡轻，但“咕噜”的呼吸音比病雏鸡明显，很少死亡。

产蛋鸡：表现不明显的呼吸困难、咳嗽、气管啰音，有呼噜声。精神不振、减食、排黄色稀粪，症状不很严重，极少数病鸡会死亡。发病第 2 天产蛋开始下降，1～2 周下降到最低点，产蛋量下降 25%～50%，产软壳蛋、畸形蛋、砂壳蛋，蛋清变稀，蛋清与蛋黄分离，种蛋的孵化率降低。产蛋量回升情况与鸡的日龄有关，产蛋高峰期的成年母鸡，如果饲养管理较好，经两个月基本可恢复到原来水平，但老龄母鸡发生此病，产蛋量大幅下降，很难恢复到原来的水平。

肾病变型鸡传染性支气管炎：多发生于 20～50 日龄的鸡。在感染肾病变型的传染性支气管炎病毒毒株时，由于肾脏结构受损害，病鸡除有呼吸道症状外，还可出现肾炎和肠炎。其典型症状分三个阶段，第一阶段是病鸡表现轻微呼吸道症状，鸡被感染后 24～48 小时开始气管发出啰音，打喷嚏及咳嗽，并持续 1～4 天，这些呼吸道症状一般很轻微，有时只有在晚上安静的时候才听得比较清楚，因此常被忽视；第二阶段是病鸡表面康复，呼吸道症状消失，鸡群没有可见的异常表现；第三阶段是受感染鸡群突然发病，并于 2～3 天内逐渐加剧，病鸡沉郁、挤堆、厌食，排白色或水样下痢，粪便中含有大量尿酸盐，迅速消瘦、饮水量增加。虚弱嗜睡，鸡冠褪色或呈紫蓝色。病程一般为 12～20 天，死亡率 10%～30%。

腺胃型鸡传染性支气管炎：在临床上也可见到本病，主要表现为病鸡流泪、眼肿、极度消瘦、拉稀和死亡并拌有呼吸道症状，发病率可达 100%，死亡率为 3%～5%。

（3）病理变化特点

呼吸型。主要病变在呼吸道。在鼻腔、气管、支气管内，可见有淡黄色半透明的浆液性、黏液性渗出物，病程稍长的变为干酪样物质并形成栓子。气囊可能浑浊或含有干酪性渗出物。产蛋母鸡卵泡充血、出血或变形，输卵管变粗、肥厚、局部充血。雏鸡感染本病毒，发病康复后，剖检见到输卵管发生畸形，变细、变短或成囊状。

肾病变型。除呼吸器官病变外，可见肾肿大、苍白，肾小管内尿酸盐沉积而扩张，外形如白线网状，呈花斑状，输尿管尿酸盐沉积而变粗；严重时，心、肝表面也有沉积的尿酸盐似一层白霜；有时可见法氏囊有炎症和出血症状。

腺胃型。病初腺胃乳头水肿，周围出血，呈环状；后期腺胃肿胀，增生，似乒乓球状。胰腺肿大，出血。

（4）防治　预防本病应减少诱发因素，提高鸡群的免疫力。从无鸡传染性支气管炎疫情鸡场购买鸡苗。加强鸡舍消毒和隔离、雏鸡饲养管理、鸡舍通风换气，防止过于拥挤，注意保温，适当补充雏鸡日粮中的维生素和矿物质。

最好从雏鸡开始进行预防接种。用于鸡传染性支气管炎的预防疫苗有很多，但由于该病毒血清型的多样性和抗原变异性，不同血清型之间的交叉保护力不高，使其防疫工作变得非常复杂和困难。要想达到防疫的预期效果，必须不断从病鸡中分离病毒，确定本场或本地区病毒的血清型，选择相应血清型的疫苗用于防疫。

传染性支气管炎 H120 弱毒疫苗和 H52 弱毒疫苗，属于 M41 病毒株的 H 系，H120 弱毒毒力比较弱，对 14 日龄雏鸡安全有效，免疫 3 周保护率达 90%，用于雏鸡的首次免疫；H52 弱毒毒力比较强，对 14 日龄以下的鸡会引起严重反应，用于雏鸡第二次免疫和成鸡免疫。

传染性支气管炎（马萨诸塞血清型弱毒株）弱毒疫苗，其毒力相当于 H120 弱毒，适应于健康鸡只的免疫接种，以预防马萨诸塞血清型引起的鸡传染性支气管炎。

传染性支气管炎（马萨诸塞血清型弱毒株+康涅狄格血清型弱毒株）二价弱毒疫苗，含有二种血清型的弱毒株，更为广谱，尤其适用于预防肾病变型传染性支气管炎。

夏菲特鸡传染性支气管炎呼吸型与肾型二价弱毒苗，包括呼吸型的 H120 毒株和肾型的代表毒株之一的 28/86。

以上疫苗均可用于饮水、滴鼻、点眼。

对传染性支气管炎目前尚无有效的治疗方法。可采用中西医结合的对症疗法，如止喘平喘散（由麻黄、柴胡、板蓝根、双花、荆芥、防风、苏子、知母、冬花等数十种中药按一定比例配制、粉碎过筛、混匀即得，用量 100 只鸡 200 克），加上泰乐菌素、盐酸溴乙新、乌洛托品、硫酸钠、酸碱平衡调节剂等联合治疗。由于实际生产中鸡群常并发细菌性疾病，采用一些抗菌药物有时显得有效。对肾病变型的病鸡，采用口服补液盐、0.5%碳酸氢钠、维生素C等药物治疗，能起到一定效果。

86. 如何防控鸡传染性喉气管炎？

鸡传染性喉气管炎是由疱疹病毒引起的一种急性呼吸道传染病，呼吸困难、咳嗽和咯出含有血液的渗出物。剖检时可见喉部、气管黏膜肿胀、出血和糜烂。我国的一些地区已有此病的发生和流行。

（1）流行病学特点　在自然条件下，本病主要侵害鸡，各种年龄及品种的鸡均可感染，以成年鸡症状最为特征。野鸡、鹌鹑和孔雀也可感染。鸭、鸽、哺乳动物不易感。

病鸡、康复后的带毒鸡和无症状的带毒鸡是主要传染来源。经呼吸道及眼传染，也可经消化道感染。鼻分泌物污染的垫草、饲料、饮水及用具可成为传播媒介，人及野生动物的活动也可机械传播。种蛋蛋内及蛋壳上的病毒感染鸡胚出壳前死亡。

病毒通常存在病鸡的气管组织中，感染后排毒 68 天。有少部分（2%）康复鸡可以带毒，并向外界不断排毒，排毒时间可长达 2 年。由于康复鸡和无症状带毒鸡的存在，使本病难以扑灭，并可呈地区性流行。

本病一年四季均可发生，秋、冬寒冷季节多发。鸡群拥挤、通风不良、饲养管理不好、缺乏维生素、寄生虫感染等，都可促进本病的发生。

本病一旦传入鸡群，传播快，感染率可达 100%，死亡率一般在 10%～20%，最急性型死亡率可达 50%～70%，急性型一般在 10%～30%，慢性或温和型死亡率约 5%。

（2）临床症状特点　自然感染潜伏期 6～12 天，潜伏期的长短与病毒株的毒力有关。

发病初期，常有数只病鸡突然死亡。病鸡初期有鼻液，半透明状，眼流泪，伴有结膜炎。其后表现为特征的呼吸道症状，呼吸时发出湿性啰音，咳嗽，有喘鸣音，病鸡蹲伏地面或栖架上，每次吸气时头和颈部向前向上、张口、尽力吸气的姿势，有喘鸣叫声。病情严重的病例，高度呼吸困难，痉挛咳嗽，可咯出带血的黏液，可污染喙角、颜面及头部羽毛。在鸡舍墙壁、垫草、鸡笼、鸡背羽毛或邻近鸡身上沾有血痕。若分泌物不能咳出堵住时，病鸡可窒息死亡。病鸡食欲减少或消失，迅速消瘦，鸡冠发紫，有时还排出绿色稀粪。最后多因衰竭死亡。产蛋鸡的产蛋量迅速减少，可达 35%，或停止，康复后 1～2 个月才能恢复产蛋。

最急性病鸡可于 24 小时左右死亡。多数病鸡的病程 5～10 天或更长，不死者多经 8～10 天恢复，有的可成为带毒鸡。有些毒力较弱的毒株引起发病时，传播比较缓和，发病率低，症状较轻，生长缓慢，产蛋减少，有结膜炎，眶下窦炎、鼻炎及气管炎，病程较长，长的可达 1 个月，死亡率一般低于 2%，大部分病鸡可以耐过，若有细菌继发感染和应激因素存在时，死亡率则会增加。

（3）病理变化特点　本病典型病变在气管和喉部组织，病初黏膜充血、肿胀，高度潮红，有黏液，进而黏膜发生变性、出血和坏死，气管中有含血黏液或血凝块，气管管腔变窄，病程 2～3 天后有黄白色纤维素性干酪样假膜。严重时，炎症也可波及支气管、肺和气囊等部，甚至上行至鼻腔和眶下窦。肺一般正常或有肺充血及小区域的炎症变化。

（4）诊断　鸡传染性喉气管炎的临诊症状和病理变化与某些呼吸道传染病，如鸡新城疫、传染性支气管炎有些相似，易发生误诊。

现场诊断依据：①本病常突然发生，传播快，成年鸡发生最多；发病率高，死亡因条件不同而差别大。②临诊症状较为典型，张口呼吸、喘气、有啰音，咳嗽时可咯出带血的黏液。有头向前向上吸气姿势。③剖检死鸡时，可见气管呈卡他性和出血性炎症病变，以后者最为特征。气管内还可见到数量不等的血凝块。

（5）防治　目前尚无特异的治疗方法。发病群投服抗菌药物，对防止继发感染有一定作用。

发病鸡群，确诊后立即采用鸡传染性喉气管炎弱毒疫苗紧急接种，可以在一定程度上缓解疫情。

病愈鸡不可和易感鸡混群饲养，耐过的康复鸡在一定时间内带毒、排毒，要严格控制易感鸡与康复鸡接触，最好将病愈鸡淘汰。

如果本地区是鸡传染性喉气管炎的疫区，就要接种鸡传染性喉气管炎弱毒疫苗，一般在14～20日龄进行第一次免疫，70日龄进行第二次免疫。

87. 如何防控禽白血病？

禽白血病是由禽C型反转录病毒群的病毒引起的禽类多种肿瘤性疾病的统称，主要是淋巴细胞性白血病，其次是成红细胞性白血病、成髓细胞性白血病、血管瘤，此外还有骨髓细胞瘤、结缔组织瘤、上皮肿瘤、内皮肿瘤等。

禽白血病病毒与肉瘤病毒紧密相关，常统称为禽白血病/肉瘤病毒。根据细胞感染范围、干扰谱和囊膜抗原，可将禽白血病/肉瘤病毒群进一步区分为七个亚群。各亚群的囊膜抗原有所不同，可以通过中和试验区分亚群。淋巴白血病病毒（LLV）缺乏转化基因，致瘤速度慢，需3个月以上；而成髓细胞白血病病毒（AMV）、成红细胞白血病病毒（AEV）和肉瘤病毒等，因带有特异的肿瘤基因，引起肿瘤转化迅速，在几天至几周内即可形成肿瘤。

（1）流行特点　自然情况下，可感染鸡、鹌鹑、鹧鸪等，母鸡比公鸡易感，通常 4～10 月龄的鸡发病多，即在性成熟或即将性成熟的鸡群，呈渐进性发病。不同品种的鸡易感性差异很大，AA 鸡和艾维茵鸡易感性高，罗斯鸡、新布罗鸡和京白鸡易感性较低。

本病经接触水平传播，也可以通过蛋进行垂直传播。18 月龄的蛋鸡排毒率最高。感染母鸡经蛋排毒，可传染鸡胚，使初生雏鸡感染，让其终身带毒，增加该病的危害性和复杂性。

应激因素、寄生虫病、饲料中缺乏维生素、管理不良等都可促使本病发生。冬、春多散发。发病率低，病死率 5%～6%。

（2）症状和病理变化特点

淋巴细胞性白血病：自然病例多见于 14 周龄以上的鸡，性成熟期发病多。临床见鸡冠苍白、腹部膨大，触诊时常可触摸到肝、法氏囊和肾肿大，羽毛有时有尿酸盐和胆色素玷污的斑。剖检 16 周龄以上的鸡，可见结节状、粟粒状或弥漫性灰白色肿瘤，主要见于肝、脾和法氏囊，其他器官如肾、肺、性腺、心、骨髓及肠系膜也可见。结节性肿瘤大小不一，以单个或大量出现。粟粒状肿瘤多见于肝脏，呈均匀分布于肝实质中。肝发生弥散性肿瘤时，呈均匀肿大，且颜色为灰白色，俗称“大肝病”。

血管瘤：见于皮肤或内脏表面，血管某处高度扩大形成“血疱”，通常单个发生。“血疱”破裂可引起病禽严重失血而死。

成红细胞性白血病：病鸡虚弱、消瘦和腹泻，血液凝固不良致使羽毛囊出血。本病分增生型和贫血型两种类型。增生型以血流中成红细胞大量增加为特点，特征病变以肝、脾、肾弥散性肿大，呈樱桃红色或暗红色，且质软易脆；骨髓增生、软化或呈水样，色呈暗红或樱桃红色。贫血型以血流中成红细胞减少，血液淡红色，显著贫血为特点；剖检可见内脏器官（尤其是脾）出现萎缩，骨髓色淡呈胶冻样。

成髓细胞性白血病：病鸡贫血、衰弱、消瘦和腹泻。外周血液中白细胞增加，其中成髓细胞占 3/4。骨髓质地坚硬，呈灰红或灰色。实质器官增大而脆，肝脏有灰色弥漫性肿瘤结节。晚期病例，肝、肾、脾出现弥漫性灰色浸润，使器官呈斑驳状或颗粒状外观。

骨髓细胞瘤：特征病变是骨骼上长有暗黄白色、柔软、脆弱或呈干酪状的骨髓细胞瘤，通常发生于肋骨与肋软骨连接处、胸骨后部、下颌骨和鼻腔软骨处，常见多个肿瘤，一般两侧对称。

（3）防治　在临床上禽白血病病毒感染率高且危害严重，到目前为止，还没有合适的疫苗和有效的药物加以对抗，雏鸡又易出现免疫耐受，对疫苗不产生免疫应答，因此，只能采取如下几方面的综合预防措施来控制。

重视种群净化。种群净化工作要在种鸡场进行。种鸡在 8 周龄和 18～22 周龄时，用阴道拭子采集材料，检测禽白血病病毒的抗原；在 22～24 周龄时，检查是否有禽白血病病毒血症，同时检测蛋清、雏鸡胎粪中的禽白血病病毒抗原。检测结果为阳性的种鸡、种蛋和种雏应及时地全部淘汰。选择检测结果为阴性的种母鸡所产的蛋进行孵化。

为避免交叉传染，应实行公母鸡分群饲养和全进全出的管理制度。

种蛋及雏鸡必须来自无禽白血病的种鸡场。

马立克氏病、传染性法氏囊病、呼肠孤病毒病等能引起免疫抑制，降低机体对禽白血病病毒的抵抗力，容易引发禽白血病。要控制好这些疾病。

要作好隔离和消毒工作，经常进行喷雾消毒，及时处理粪便，这是切断禽白血病病毒水平传播途径。

88. 如何防控禽脑脊髓炎?

禽脑脊髓炎又称流行性震颤，是禽脑脊髓炎病毒感染、主要发生于雏鸡的病毒性传染病，以运动失调和头颈部震颤为特征，产蛋鸡可出现一时性产蛋急剧下降。

（1）流行病学特点　鸡、雉鸡、火鸡、鹌鹑等均可自然感染。各种年龄的鸡都可被感染，但出现明显症状的多见于3周龄以下的雏鸡。本病一年四季均可发生，无明显的季节性。

病禽通过粪便排出病原，污染饲料、饮水、用具、人员，发生水平传播。病原在外界环境中存活时间较长。另一重要的传播方式是垂直传播，感染后的产蛋母鸡，大多数在为期3周内所产的蛋中含有病毒，用这些带毒种蛋孵化时，一部分鸡胚在孵化中死亡，另一些鸡胚可孵出，出壳雏鸡可在1～20日龄发病和死亡，引起较大的损失。

（2）临床症状和病理变化特点　经鸡胚感染的雏鸡潜伏期为1～7天，经接触经口感染的潜伏期为10～30天，通常是在1～3周龄发病。

病初，雏鸡精神稍差，眼神呆钝，不愿走动，驱动时行走不协调、摇晃，逐渐运动共济失调，以跗关节或胫部行走。病情发展后，见雏鸡精神沉郁，运动严重失调，逐渐麻痹和衰竭，头颈震颤，手扶时更明显。由于共济失调不能走动，摄食、饮水困难，最后衰竭死亡。

部分病雏一侧或两侧眼睛的晶状体混浊，变成蓝色而失明。

雏鸡群感染，发病率通常为4%～50%，死亡率受各种因素的影响，在10%～70%。

成年鸡感染，无明显的临床症状，可出现短时间产蛋量下降，下降幅度在5%～15%，1～2周可恢复正常。

无特征性肉眼病理变化。

（3）诊断　根据流行病学和临床特征可作出初步诊断，确诊需进行病毒的分离和血清学试验。

（4）防治　本病尚无治疗的特效药物，主要是做好预防工作，不到发病鸡场引进种蛋、种鸡和鸡苗，平时做好消毒及环境卫生工作。

进行免疫接种，禽脑脊髓炎弱毒苗可饮水、滴鼻或点眼，在8～10 周龄及产蛋前 4 周给种鸡进行接种；在种鸡开产前一个月肌内注射禽脑脊髓炎灭活油乳剂苗；也可在 10～12 周龄给种鸡接种禽脑脊髓炎弱毒苗，在开产前一个月再接种禽脑脊髓炎灭活苗。

89. 如何防控减蛋综合征？

产蛋下降综合征 EDS-76 病毒感染商品蛋鸡和种母鸡引起产蛋下降的病毒性疾病，主要特征是产蛋量骤然下降、蛋壳异常、蛋畸形、蛋品质低劣等。

（1）流行特点　自然宿主是家鸭和野鸭，但只对产蛋鸡致病。26～35 周龄的所有品系的鸡都可感染，不同品系鸡的易感性也有差异，产褐壳蛋的肉用种鸡和种母鸡易感性高，产白壳蛋的母鸡易感性较低。所有年龄的鸡均可感染，但幼龄鸡感染后不表现任何临床症状，母鸡只是在产蛋高峰期表现明显症状，原因可能是潜伏的病毒被活化。应激反应是本病发生的重要诱因。

经种蛋垂直传播是主要传播方式，也可水平传播经呼吸道感染。尽管经过垂直感染的鸡胚数量不多，但扩大传染的危害性大。受感染的雏鸡大多在全群产蛋高峰的一半时，开始排放病毒，铺垫料的平养方式水平传播较快，而笼养方式传遍全群约需11 周的时间。患本病的种鸡群可将病毒经种蛋垂直传给后代，但这种病毒传递方式在 40 周龄后就不再发生。

产蛋前本病呈隐性感染，产蛋开始后，本病由隐性感染转为显性感染。显性感染发生后出现病毒血症，7～20 天后病毒在输卵管狭部蛋壳分泌腺中大量复制，导致腺体的明显炎症及卵子发育、蛋壳形成机能紊乱，产蛋率下降、蛋壳异常。病毒经喉头和随粪便排出。

（2）临床症状和病理变化特点　通常在26～36周龄产蛋鸡突然发生产蛋率下降，蛋品质下降，出现软壳蛋、薄壳蛋、无壳蛋、小蛋，蛋体畸形，蛋壳表面粗糙，如白灰、灰黄粉样，褐壳蛋则色素消失，颜色变浅，蛋白水样，蛋黄色淡，或蛋白中混有血液、异物等。异常蛋可占15%，蛋的破损率增高。在几周内产蛋会大幅度下降，鸡群减蛋可达20%～30%，甚至达40%～50%。发病期可持续4～10周。鸡群没有其他症状。

特征性病变是输卵管各段黏膜发炎、水肿、萎缩，病鸡的卵巢发育不良、萎缩变小，或有出血，输卵管腔内滞留干酪样物质或白色渗出物。

（3）防治　预防接种是防治本病的主要措施。产蛋鸡可在开产前4周左右，接种1次鸡减蛋综合征油佐剂灭活苗，在鸡胸肌或腿处注射，每只0.5毫升，即可在整个产蛋期内维持对本病的免疫力。对于种鸡，可在35周龄时再接种1次减蛋综合征油佐剂灭活苗，经两次免疫可使母鸡保持高抗体水平，雏鸡也能保持较高水平的母源抗体，以防止幼龄阶段感染本病病毒。

对未发生本病的鸡场应保持对本病的隔离状态，严格执行“全进全出”饲养制度，严禁从有本病的鸡场引进雏鸡或种蛋。

产蛋鸡群一旦发生本病，紧急接种减蛋综合征油佐剂灭活苗对缩短产蛋下降时间，减少产蛋下降幅度和尽快恢复产蛋率具有一定成效。

90. 如何防控鸡病毒性关节炎？

由呼肠孤病毒感染引起的鸡的关节炎、滑膜炎、腱鞘炎、腓肠腱断裂等。鸡呼肠孤病毒除引起鸡关节炎以外，还能引起一些其他的疾病和病变，如吸收不良综合征、传染性腺胃炎、心包炎、心包积水、心肌炎、肠炎、肝炎、法氏囊及胸腺萎缩、骨骼异常等。

（1）流行病学特点　鸡呼肠孤病毒广泛存在于自然界，可从许多种鸟类体内分离到，但鸡和火鸡是目前已知可被鸡呼肠孤病毒感染而引起关节炎的动物。

该病毒在鸡中的传播有水平传播和垂直传播，但水平传播是该病毒的主要传染方式。

病毒感染鸡之后，首先在呼吸道和消化道复制后进入血液，24～48小时后出现病毒血症，随后即向体内各组织器官扩散，但以关节、腱鞘及消化道的含毒较高。排毒途径主要是经过消化道。

试验表明，由口腔感染SPF成年鸡，4天后可从呼吸道、消化道、生殖道和股关节分离到病毒，病毒在股关节内存在3周。感染后14～16周仍能从感染鸡的泄殖腔发现病毒。因此，带毒鸡是重要的传染源。

鸡病毒性关节炎的感染率和发病率，因鸡的年龄不同而有差异。年龄越大易感性越低，10周龄之后易感性明显降低。雏鸡的易感性可能与雏鸡的免疫系统尚未发育完全有关。

自然感染发病多见于4～7周龄鸡，也有更大鸡龄发生关节炎。发病率可高达100%，而死亡率通常低于6%。但病鸡行动不便，跛行或不愿走动，采食困难，生长停滞，饲料利用率下降，淘汰率增高。

（2）临床症状特点　本病大多数野外病例均呈隐性感染或慢性感染，要通过血清学检测和病毒分离才能确定。在急性感染的情况下，鸡表现跛行，部分鸡生长受阻；慢性感染期的跛行更加明显，少数病鸡跗关节不能运动。病鸡食欲和活力减退，不愿走动，喜坐在关节上，驱赶时或勉强移动，但步态不稳，继而出现跛行或单脚跳跃。

病鸡因得不到足够的水分和饲料而日渐消瘦、贫血，发育迟滞，少数鸡只逐渐衰竭而死。种鸡群或蛋鸡群受感染后，产蛋量可下降10%～15%。也有报道种鸡群感染后种蛋受精率下降，这可能是病鸡因运动功能障碍而影响正常的交配所致。

（3）病理变化特点　患鸡跗关节上下周围肿胀，切开皮肤可见到关节上部腓肠腱水肿，滑膜内经常有充血或点状出血，关节腔内含有淡黄色或血样渗出物，少数病例的渗出物为脓性，与传染性滑膜炎病变相似，这可能与某些细菌的继发感染有关。其他关节腔呈淡红色，关节液增加。根据病程的长短，有时可见周围组织与骨膜脱离。大雏或成鸡易发生腓肠腱断裂。

慢性病例的关节腔内渗出物较少，腱鞘硬化和粘连，在跗关节远端关节软骨上出现凹陷的点状溃烂，然后变大、融合，延伸到下方的骨质，关节表面纤维软骨膜过度增生。有的在切面可见到肌和腱交接部发生的不全断裂和周围组织粘连，关节腔有脓样、干酪样渗出物。有时还可见到心外膜炎，肝、脾和心肌上有细小的坏死灶。

在急性期出现水肿、凝固性坏死，异嗜细胞集聚血管周围浸润，网状细胞增生，最后引起腱鞘壁层明显增厚，滑膜腔充满异嗜细胞和脱落的滑膜细胞，随着破骨细胞增生而形成骨膜炎。在慢性期，滑膜形成绒毛样突起，并有淋巴样结节，炎症出现一段时间之后，大量纤维组织增生，明显见到网状细胞、淋巴细胞、巨噬细胞和浆细胞的浸润或增生。

心肌纤维之间的异嗜细胞浸润是此病较为恒定的病理变化。

（4）初步诊断　虽然此病的类症鉴别颇为困难，但根据症状和病变的特点，在临诊中可对该病做出初步诊断。以下几点具有诊断价值：①病鸡跛行，跗关节肿胀。②心肌纤维之间有异嗜细胞浸润。③患病毒性关节炎的鸡群中，常见有部分鸡呈现发育不良综合征，病鸡苍白，骨钙化不全，羽毛生长异常，生长迟缓或生长停止。

（5）防治　对该病目前尚无有效的治疗方法，只能依靠综合防治是控制本病。

一般的预防方法是加强卫生管理及鸡舍的定期消毒。采用全进全出的饲养方式，对鸡舍彻底清洗和用 3%氢氧化钠溶液对鸡舍进行消毒，可以防止由上批感染鸡留下的病毒的感染。由于患病鸡长时间不断向外排毒，是重要的传染源，对患病鸡要坚决淘汰。

由于该病毒本身的特点，加上现代养鸡的高密度，要防止鸡群不接触病毒是很困难的，因此，预防接种是目前条件下防止鸡病毒性关节炎的最有效方法。已有许多种疫苗，包括弱毒疫苗和灭活疫苗。由于雏鸡对致病性鸡呼肠孤病毒最易感，而至少要到 2 周龄才具有对鸡呼肠孤病毒的抵抗力，因此，对雏鸡提供免疫保护应是防疫的重点。接种鸡呼肠孤病毒弱毒疫苗可以有效地诱导鸡产生主动免疫，但用鸡呼肠孤病毒弱毒苗（S1133）与马立克氏病活疫苗同时免疫时，S1133 弱毒苗会干扰马立克氏病疫苗的免疫效果，两种疫苗接种时间应间隔 5 天以上。无母源抗体的后备种鸡，可在 6～8 日龄用鸡呼肠孤病毒弱毒疫苗首免，有母源抗体的后备种鸡，可在 22 日龄用鸡呼肠孤病毒弱毒疫苗首免，8～10 周龄时再用鸡呼肠孤病毒弱毒疫苗加强免疫，开产前 4 周注射鸡呼肠孤病毒灭活苗，一般可使其后代雏鸡在 3 周龄内抵抗鸡呼肠孤病毒感染。这已被证明是一种有效控制鸡病毒性关节炎的方法。但在使用活疫苗时要注意疫苗毒株对不同年龄的雏鸡的毒性是不同的。

91. 如何防控鸡传染性贫血？

鸡传染性贫血是由鸡传染性贫血病毒（CIAV）引起的，以雏鸡再生障碍性贫血、全身淋巴组织萎缩、皮下和肌肉出血及高死亡率为特征的传染病。经常合并、继发和加重病毒、细菌和真菌性感染，危害很大。

（1）流行病学特点　鸡是 CIAV 的唯一自然宿主，至今未发现其他家禽对 CIAV 易感。各年龄鸡都具有易感性，其中 1～7

日龄雏鸡最易感，本病主要发生在2～3周龄的雏鸡。当与传染性法氏囊病毒混合感染或有继发感染时，日龄稍大的鸡，如6周龄的鸡也可感染发病。随着日龄的增加，其易感性、发病率和死亡率逐渐降低。肉鸡比蛋鸡易感，公鸡比母鸡易感。有母源抗体的鸡也可感染，但不出现临诊症状。

鸡传染性贫血病毒可通过垂直传播和水平传播。经孵化的鸡蛋进行垂直传播是本病的最重要的传播途径。由公鸡的精液带有CIAV也可造成鸡胚的感染。试验感染母鸡，在感染后8～14天可经卵传播；而在鸡场，鸡群垂直传播可能出现在感染后的3～6周。水平传播可通过口腔、消化道和呼吸道途径引起感染。

（2）临床症状　CIAV感染后，鸡是否表现临床症状，与鸡的年龄、CIAV毒力及是否伴发或继发其他疾病有关。主要临床症状特征是贫血。病鸡皮肤苍白，发育迟缓，精神沉郁，消瘦，喙、肉髯和可视黏膜苍白，翅膀皮炎或出现蓝翅，全身点状出血，濒死鸡可见腹泻。

血液稀薄如水，红细胞压积值降到20%以下，正常值在30%以上，降到27%以下便为贫血；红细胞数低于200万个/毫米^3；白细胞数低于5 000个/毫米^3，血小板值低于27%。在CIA严重期，可见到红细胞的异常变化。

发病鸡的死亡率高低受到病毒、细菌、宿主和环境等许多因素的影响，试验感染的死亡率不超过30%，继发感染可阻碍病鸡康复，加重病情，使死亡率增加。

（3）病理变化　病鸡贫血，消瘦，肌肉与内脏器官苍白、贫血；肝脏和肾脏肿大，褪色，或淡黄色。血液稀薄，凝血时间延长。在病鸡所见到的最特征性病变是骨髓萎缩，大腿骨的骨髓呈脂肪色、淡黄色或粉红色。有些病例，骨髓的颜色呈暗红色。最常见的病变是胸腺萎缩，呈深红褐色；随着病鸡的生长，抵抗力的提高，胸腺萎缩比骨髓萎缩更容易观察到。法氏囊萎缩不很明显，有的病例法氏囊体积缩小，在许多病例的法氏囊的外壁呈半透明状态，以至于可见到内部的皱襞。有时可见到腺胃黏膜出血、皮下与肌肉出血。若继发细菌感染，可见到坏疽性皮炎，肝脏肿大呈斑驳状以及其他组织的病变。

（4）诊断要点　根据流行特点（主要发生于2～3周龄以内的雏鸡）、临床症状（严重贫血、红细胞数显著降低）和病理变化（骨髓呈现黄至白色，胸腺萎缩等），可作出初步诊断，但确诊需进行实验室病毒的分离与鉴定，血清学检测等检查。

（5）防治　防止从外地引入带毒鸡，以免将本病传入健康鸡群。重视日常的饲养管理和兽医卫生措施，防止环境因素及其他传染病导致的免疫抑制。

对种鸡群进行CIAV普查，了解种鸡群的CIAV带毒状况，淘汰阳性鸡只，切断CIAV的垂直传播的传染源。

用CIAV弱毒冻干苗对12～16周龄后备种鸡进行饮水免疫，在免疫后6周，后备种鸡可产生强的免疫力，并持续到60～65周龄，有效抵抗CIAV攻击。种鸡免疫6周后所产的蛋可留作种蛋用，种蛋的CIAV母源抗体对子代鸡提供免疫保护。

92. 如何防治禽大肠杆菌病？

禽大肠杆菌病是由致病性埃希氏大肠杆菌引起的细菌性传染病，在养鸡生产中频繁发生，很难防治，给养鸡业造成极大的经济损失。本病的临床表现形式复杂多样，危害最大的是急性败血型，其次为卵黄性腹膜炎、生殖器官感染。

按照致病力大小可将埃希氏大肠杆菌划分为3种类型：致病性埃希氏大肠杆菌、非致病性埃希氏大肠杆菌和条件致病性埃希氏大肠杆菌。埃希氏大肠杆菌有O抗原146个、K抗原91个和H抗原49个，由此构成的血清型极多。不同地区有不同的血清型，同一地区不同鸡场有不同血清型，甚至同一鸡场同一鸡群可以同时存在多个血清型。我国已报道的鸡的致病性大肠杆菌血清型约 50 个。

（1）流行病学特点

发病日龄。幼雏和中雏发生较多。发病较早的为 4 日龄，通常以 1 月龄前后的幼鸡发病为多。日龄较大鸡也会发生，有时也可造成严重损失。一些研究报道，产蛋鸡发生本病，除死亡造成直接损失外，产蛋量下降以及防治本病所带来的经济损失也很惨重。

发病率和死亡率。随血清型及菌株的毒力、有无并发或继发病、治疗是否及时有效而差异颇大。一般地，发病率为 11%～69%，死亡率为 3.8%～72.9%。

发病季节。本病一年四季均可发生，但以冬末、春初较为多见。如果饲养密度大，场地旧、环境已被严重污染，则本病可以随时发生。

传染途径。主要有以下几种途径：①消化道途径。饲料和饮水被本菌污染，尤以水源被污染引起发病最为常见。②呼吸道途径。沾有本菌的尘埃被易感鸡只吸入，进入下呼吸道而引起发病。③经蛋传播。种蛋产出时蛋壳被粪便等脏物玷污，如果放置时间比较长，消毒不好，蛋壳表面污染的大肠杆菌就可能穿透蛋壳进入蛋内。患有大肠杆菌性输卵管炎的母鸡，在蛋的形成过程中本菌即可进入蛋内，这样就造成本病经蛋传播。④患本病的公、母鸡与易感鸡交配可以传播本病。在众多的传播途径中，各地区各鸡场必须根据具体情况进行具体分析，找出主要传播途径，加以控制，对本病的防治才能收到事半功倍的效果。

由于致病性埃希氏大肠杆菌和条件致病性埃希氏大肠杆菌在环境中广泛存在，感染途径多样，鸡大肠杆菌病很容易成为其他疾病的并发病或继发病。鸡群中如果有慢性呼吸道病、新城疫、传染性支气管炎、传染性法氏囊病、葡萄球菌病、黑头病（盲肠肝炎）、球虫病等发生时，常并发或继发大肠杆菌病。

（2）临床症状特点　由致病性埃希氏大肠杆菌和条件致病性

埃希氏大肠杆菌引起的疾病在临床上表现极其多样化。

急性败血型。病鸡不显症状而突然死亡，或症状不明显。部分病鸡离群呆立，或挤堆，羽毛松乱，食欲减退或废绝，排黄白色稀粪，肛门周围羽毛污染。发病率和死亡率比较高。通常所说的鸡大肠杆菌病指的就是这个类型，是目前危害最大的类型。

卵黄性腹膜炎。常发生于笼养种鸡和蛋鸡。鸡的输卵管常因感染大肠杆菌而产生炎症，炎症产物使输卵管伞部粘连，漏斗部的喇叭口在排卵时不能打开，卵泡不能进入输卵管而跌入腹腔而发病。广泛的腹膜炎产生大量毒素，导致腹腔内肠道发生粘连，可引起发病母鸡死亡。死、病母鸡，外观腹部膨胀、重坠。不少蛋鸡场或种鸡场常因本病造成重大经济损失。

生殖系统疾病。输卵管炎，多见于产蛋期母鸡，产畸形蛋及内含大肠杆菌的带菌蛋，严重者停止产蛋。患病母鸡卵泡发生病变，出现产蛋下降。公鸡睾丸和交媾器发生病变，出现种蛋受精率下降。

肠炎。病鸡腹泻，肛门下方羽毛潮湿、污秽、粘连。

关节炎。一般呈慢性经过，病鸡关节肿胀，出现跛行。

死胚。本菌经蛋传播或穿透蛋壳进入蛋内，可引起鸡胚死亡。

蛋黄囊炎和脐炎。是雏鸡的蛋黄囊、脐部及其周围组织的炎症，主要发生于孵化后期的胚胎及1～2周龄的雏鸡，表现为蛋黄吸收不良，脐部闭合不全，腹部胀大而下垂等异常变化。死亡率为3%～10%，有的高达40%。引起本病的病因相当复杂，但大多数与大肠杆菌感染有关。

全眼球炎。眼睛灰白色，角膜混浊，严重者失明。

大肠杆菌性脑炎。大肠杆菌的某些血清型能突破鸡的血脑屏障进入脑部，引起鸡的脑部感染，出现昏睡、神经症状和下痢，难以治愈。本病可独立发生，也可与滑膜支原体病、败血支原体病、传染性鼻炎和传染性喉气管炎等混合感染或发生继发感染。

（3）病理变化特征

急性败血型。本型病鸡，病程短、早期急性死亡的病例，见到实质器官充血瘀血、实质细胞变性等变化。病鸡突然死亡，皮肤、肌肉瘀血，血液凝固不良，呈紫黑色。肝脏肿大，呈紫红色或绿色，表面散布白色的小坏死灶。肠黏膜弥漫性充血、出血，整个肠管呈紫色。心脏肿大，心肌变薄。心包腔充满淡黄色液体。肾脏肿大，肺脏出血、水肿。病情较长者，还可见到浆膜的急性纤维素性炎和肉芽肿等特征性变化，其中最为常见的是纤维素性心包炎，其次为纤维素性腹膜炎和纤维素性肝周炎。纤维素性心包炎，出现心包积液，心包膜混浊、增厚、不透明，有纤维素性渗出物与心肌相粘连。纤维素性肝周炎，肝脏不同程度肿大，表面有不同程度的纤维素性渗出物，严重时整个肝脏被一层纤维素性薄膜所包裹。纤维素性腹膜炎，腹腔有数量不等的腹水，混有纤维素性渗出物，或纤维素性渗出物充斥于腹腔内。这三种纤维素性炎症具有初步诊断参考价值。

卵黄性腹膜炎。腹腔内充满淡黄色腥臭的液体或破坏的卵黄，腹腔脏器表面覆盖一层淡黄色、凝固的渗出物，肠壁之间、其他脏器之间相互粘连。

生殖系统疾病。患病母鸡输卵管充血、出血，输卵管黏膜有出血斑，管腔内有多量分泌物、黄色絮状或块状的干酪样物。卵巢中的卵泡变形，卵泡膜充血，呈灰色、褐色或酱色等不正常色泽，有的卵泡皱缩，有的硬变，有的卵泡破裂，有的卵黄变稀，有的出现卵泡囊肿。公鸡睾丸膜充血，交媾器充血、肿胀。

肠炎。肠黏膜充血、溃疡，严重时在浆膜面可见到密集的小出血点。

肉芽肿。心脏、肝脏、十二指肠、盲肠肠系膜等出现典型的肉芽肿结节，针头大、核桃大，甚至鸡蛋大，呈灰白色乃至黄白色，多位于浆膜下。

关节炎。多在跗关节周围呈竹节状肿胀，关节液混浊，关节腔内有纤维蛋白渗出或脓汁，滑膜肿胀、增厚。

气囊炎。气囊增厚，混浊，内壁有黄色干酪样物附着。

全眼球炎。单侧或双侧眼肿胀，眼房水和角膜混浊，视网膜剥离而失明。

大肠杆菌性脑炎。脑膜充血，偶有出血点，易剥离。脑壳软化，额骨内骨板呈土黄色，骨质疏松，脑实质水肿、软化，左半球尤严重。

（4）诊断　根据发病鸡群的流行病学特点、临诊症状特点、病理变化特征，可作出初步诊断。

确诊要依据病原分离和鉴定的结果。

病原分离及纯培养：初始分离可同时使用普通肉汤、普通琼脂斜面和麦康凯氏培养基。在琼脂培养基上长出中等大小、半透明、露珠样菌落，在麦康凯氏培养基上菌落呈红色。

染色镜检及形态观察：将分离到的菌进行革兰氏染色镜检，本菌为阴性的短小杆菌。

生化试验：本菌分解乳糖和葡萄糖产酸产气，不分解蔗糖，不产生硫化氢，V-P 试验阴性，利用枸橼酸盐阴性，不液化明胶，靛基质及 MR 反应为阴性。

致病性试验：经上述步骤鉴定的大肠杆菌，将其肉汤培养物注射于小鸡，即可测知其致病力。

通过上述几个步骤，即可确定所分离到的是否为致病性大肠埃希氏杆菌。

（5）防治

预防措施。管理好饲养环境是关键。特别要注意检查水源有否被病原性大肠杆菌污染，如有污染则应彻底更换。特别要注意育雏期保温及饲养密度。特别要注意禽舍、用具、饲养环境的清洁和消毒。开放型鸡舍在保持鸡舍温度的情况下，肉鸡 10 日龄后除了免疫期及天气突变外，每三天进行一次带鸡消毒，蛋鸡 20 周龄后除了免疫期外每周一次带鸡环境消毒。密闭式鸡舍，肉鸡7日龄后除了免疫期每天一次带鸡环境消毒。交替使用碘制剂、氯制剂及季铵盐类消毒。勤清粪，保持鸡舍良好空气质量。

控制好鸡舍的温差和湿度。早晚温差超过6℃，鸡群免疫力会下降，条件性致病大肠杆菌极易诱发疾病。高温、高湿的环境会在一定程度上降低机体免疫屏障的保护机能，致病性大肠杆菌极易乘虚而入。

临床上一旦发生大肠杆菌病，要根据不同类型大肠杆菌病，及时采取不同的治疗措施，同时，改善鸡舍环境，注意舍内通风、温度、密度。

大肠杆菌对多种药物敏感，但其敏感性易变，容易产生抗药性，应注意合理用药、联合用药及轮换用药。常用的药物有庆大霉素、硫酸安普霉素、大观霉素、左氧氟沙星、甲磺酸达氟沙星、恩诺沙星钠、磷霉素钙、噻肟单酰胺菌素、头孢吡肟钠、安普霉素、黏杆菌素、阿米卡星、AMX7002等。但对已出现严重的心包炎、气囊炎、腹膜炎的病鸡治疗意义不大。为了准确选用敏感药物，必须对本鸡场的致病性大肠杆菌株分离后进行药敏试验。

免疫接种。对鸡群进行免疫接种是防治本病的可取办法。通常做法是分离当地或本场的致病性大肠杆菌菌株，确定优势菌株（致病力强、抗原具有代表性的菌株），制成自家灭活苗，或将本场分离的菌株与常见血清型的标准菌株制成多价灭活苗，肉鸡群于1周龄作第一次免疫，4周龄作第二次免疫，种鸡在开产前和产蛋中期各加强免疫一次。

93. 如何防治鸡白痢？

鸡白痢是由鸡白痢沙门氏菌引起、主要侵害雏鸡的传染病，我国各地均有发生，是危害养鸡业最严重的疾病之一。

（1）流行特点　不同品种的鸡都具有易感性，易感程度与年龄、品种有关。雏鸡最易感，随着日龄的增加，鸡的抵抗力也随之增强。2 周龄以内的鸡，发病率和死亡率都高。不同品种之间的易感性有明显差别，产褐壳蛋的鸡比产白壳蛋的鸡易感。

病鸡和带菌鸡是主要传染源，既可水平传播，也可经蛋垂直传播。消化道是本病的主要感染途径。鸡白痢沙门氏菌阳性鸡所产的蛋一部分可能污染鸡白痢沙门氏菌，大部分染菌蛋的胚胎在孵化中途发生死亡或停止发育，少部分可呈保菌状态孵出，但多数在出壳不久发病。病雏的排泄物及分泌物污染饲料、饮水和用具，可使同群没感染雏鸡受到感染。被感染雏鸡多数发病，若不及时治疗，会发生死亡，但有一部分病鸡康复后呈带菌状态，到产蛋时又产出染菌蛋，一部分鸡胚和雏鸡会被感染并发病。雄鸡交配时，也可将病菌传染给母鸡。苍蝇、麻雀也是传染媒介。雏鸡的饲养管理不良、温度忽高忽低、长途运输等，都可促使本病发生和死亡率增高。

（2）临床症状特征

雏鸡。孵化中发生感染，孵出的鸡苗弱雏较多，脐部发炎，2～3 日龄开始发病、死亡，7～10 日龄达到死亡高峰，2 周后死亡渐少。同群感染的雏鸡，在 2～3 周内发生死亡。病雏怕冷，常常成堆挤在一起，精神萎靡、嗜睡、翅膀下垂、停食。排出白色粪便，常粘在尾部羽毛上，有时阻塞肛门，排便困难，甚至排不出便。排便时常发出尖叫，腹部膨大排白色黏稠粪便。有的不见下痢症状，因肺部感染而出现呼吸困难，伸颈张口呼吸。有的病雏出现关节炎、关节肿胀、跛行。耐过鸡生长很缓慢，消瘦。患病鸡群死亡率为 10%～25%。

育成鸡。主要发生于 40～80 日龄的鸡，病鸡多为病雏未彻底治愈转为慢性，或育雏期感染发病。鸡群中不断出现精神不振、食欲差的鸡和下痢的鸡，病鸡常突然死亡，死亡持续不断，可延续 20～30 天。

成年鸡。成年鸡感染常为无症状感染。一部分无症状感染母鸡，可能由于抵抗力下降，其卵巢和输卵管会被侵害而发生卵巢炎和输卵管炎，可出现产蛋率下降，所产的带菌蛋可引起孵化率降低，或孵出感染雏，雏鸡的成活率降低。被感染的母鸡很少一部分也会出现精神萎靡、食欲废绝、缩脖、翅膀下垂、羽毛逆立，肉垂呈暗紫色，排稀便，极少一部分鸡 1～5 日龄内呈败血症死亡，其他病鸡可渐渐耐过。

（3）病变特征

雏鸡。病死鸡脱水，眼睛下陷，脚趾干枯，肝肿大、充血、或有条纹状出血，日龄较大雏鸡的肝脏可见许多黄白色小坏死点。卵黄吸收不良，呈黄绿色液化，或未吸收的卵黄干枯、呈棕黄色奶酪样。有灰褐色肝样变肺炎，肺内有黄白色大小不等到的坏死灶（白痢结节）。盲肠膨大，肠内有奶酪样凝结物。病程较长的病死鸡，心肌、肌胃、肠管等部位，可见隆起的白色白痢结节。心肌上的结节增大时能使心脏变形。肺充血或出血。肾脏的色泽暗红色或苍白，肾小管和输尿管扩张，充满尿酸盐。

育成鸡。肝脏显著肿大，质脆易碎，被膜下散在或密布出血点或灰白色坏死灶。心脏上可见黄白色白痢结节，严重时可见心脏变形。白痢结节也出现于肌胃和肠管。脾脏肿大，质脆易碎。

成年鸡。无症状感染鸡，剖检时一般可见卵巢炎，卵泡萎缩、变形（呈三角形、梨形、不规则形），变色（呈黄绿色、灰色、黄灰色、灰黑色等异常色彩），有的卵泡内容物呈水样、油状或干酪样。还可见到卵黄性腹膜炎和输卵管炎（输卵管阻塞、膨大、内有凝卵样物）。病公鸡睾丸发炎，睾丸萎缩、变硬、变小。有的病鸡肝脏显著肿大，质地很脆，往往发生肝破裂。引起严重的内出血，造成病鸡突然死亡。

（4）诊断　根据流行特点、发病症状和剖检变化特征可作初步诊断，进一步确诊须做病原分离鉴定和血清学检查。

（5）防治　净化种鸡群，是预防白痢最好的措施。采用血清学技术检测并淘汰带菌种鸡，第一次检测时间是 60～70 日龄，第二次检测是 16 周龄，之后每隔一个月检测一次，发现阳性鸡及时淘汰，直至全群的阳性率不超过0.1%为止。

执行严格消毒措施。①种蛋消毒。及时拣、选种蛋，并分别于拣蛋、入孵时、18～19日胚龄落盘时，3次用福尔马林熏蒸消毒20分钟。②孵化室建立严格的消毒制度。③育雏舍、育成舍和蛋鸡舍做好地面、用具、饲槽、笼具、饮水器等清洁消毒，定期对鸡群进行带鸡消毒。

药物预防和治疗。在本病流行地区，育雏时可在饲料中交替添加强力霉素、喹诺酮类药物、氟苯尼考、微生态制剂等进行预防。发病后要即使治疗，治疗应在药敏试验的基础上选择药物，并注意交替用药。肖振锋等（1994年）通过饮水给仔鸡口服活菌制剂，对鸡白痢有很好的预防效果。蔡荣等（2000年）以不同的微生态制剂饲喂1日龄雏鸡，连喂7日，在雏鸡3日龄时经口接种鸡白痢沙门氏杆菌，30日龄检测雏鸡消化道菌群，统计育雏成活率。结果表明微生态活菌制剂能预防雏鸡白痢，保护雏鸡免遭鸡白痢沙门氏杆菌的攻击，减少雏鸡死亡，提高育雏成活率，是控制鸡白痢较好的生态防治方法。

王柏青等（1994年）用益生素对鸡白痢进行防治研究，治疗试验结果，益生素的治愈率达96.71%，而土霉素和对照组的治愈率分别为80.62%和8.5%；预防试验结果，益生素、土霉素和对照组的发病率分别为1.52%、8.71%和15.50%。

94. 如何防治鸡慢性呼吸道病？

由鸡败血支原体引起的一种慢性呼吸道疾病，又称鸡败血支原体感染，其特征是呼吸道啰音、咳嗽、鼻流清液。本病影响机体的生长发育，肉用仔鸡饲养期延长，造成肉鸡饲料转化率下降、整齐度下降，药物消耗增多，养鸡成本大大增加。肉种鸡产蛋率下降，产蛋高峰持续时间短，畸形蛋和软壳蛋增多，受精率和孵化率下降，弱雏率增加。

（1）流行特点　鸡败血支原体可感染鸡和火鸡等家禽。各种日龄的鸡均可感染，4～8周龄雏鸡最敏感。全年各季均可发生，但在冬季、秋季、春季发病较高，早春、深秋及寒冬发病最为严重。

鸡败血支原体可以通过水平传播。若种鸡群存在鸡败血支原体感染，也可通过种蛋垂直传播，使1～3日龄的雏鸡发生慢性呼吸道病。

鸡群发生本病，发病率高，几乎全部感染或大部分感染，但死亡率一般为10%～30%。若有并发感染或继发感染，死亡率会更高。产蛋鸡感染，死亡率很低，但产蛋率下降10%～40%，孵化率下降10%～20%，健雏率降低10%。

（2）临诊症状和病变特征　若单纯鸡败血支原体感染，病鸡一般只有比较轻的呼吸道症状；混合感染时，呼吸道症状明显。病程比较长，慢性经过，若不治疗，可达数月。

鼻流黏性或浆性液体，呼吸道啰音、咳嗽。眼睑肿胀，眼有分泌物。鸡体消瘦。鼻黏膜增厚，鼻腔有干酪样物。眼结膜发炎，鼻窦内充血、水肿，有渗出物。气囊增厚，有干酪样物。败血型支原体还可能伴有肝周炎、腹膜炎。

（3）防治　种鸡群存在鸡败血支原体感染，可通过种蛋垂直传播，做好种鸡的检疫和净化是预防鸡慢性呼吸道疾病的关键。采用多次检疫和投药的方法来清除种鸡群中鸡败血支原体感染的鸡只，培育无鸡败血支原体感染的健康种鸡群。随机抽检鸡群中5%～10%的鸡只，用全血平板凝集试验检测鸡败血支原体凝集抗体，阳性率达到10%以上，表明鸡群中有鸡败血支原体感染，投适宜抗生素治疗1～2个疗程。之后，再抽检部分鸡只进行检测，若无阳性反应鸡只出现时，即可用其蛋进行孵化；若有阳性鸡只出现，可根据情况再进行投药治疗；间隔一段时间，复检后剔除阳性反应鸡。以后每月投药一次，以防漏检的带菌鸡体内的病原体繁殖加大，以及由外部接触感染。

对于阳性种鸡所产的种蛋，可以采用药物浸泡或热处理，可以杀灭种蛋内的鸡败血支原体。孵前药物浸蛋，将37.8℃的温热种蛋，浸入冷的、含有每千克400～1 000毫克的泰乐菌素或红霉素溶液内15～30分钟，再进行孵化。种蛋热处理，孵化器温度稳定在45℃，将种蛋放入孵化器内加热1小时，晾蛋1小时，当温度降低到37.8℃转入常规孵化。由于加热能破坏胚胎，应及时加大湿度和通风。

投喂药物预防，对雏鸡，预防性投喂环丙沙星、强力霉素、红霉素、庆大霉素、泰乐菌素等，连用5～7天。

经常检查鸡群状况，若鸡群中有少数鸡发病，应及时对病鸡群全群治疗。要特别防混合感染、继发感染。

对病死鸡及时剖检和进行初步诊断，并立即对鸡群进行治疗，以免造成疫情扩散和治疗效果不佳，甚至失败。对病死鸡要妥善处理，进行深埋或焚烧。

治疗时，几种抗生素类药物联合使用，效果更好，有时中草药辅助治疗也有一定效果。

实行全进全出的饲养制度，鸡舍空闲20～30天。平时应加强饲养管理，注意环境卫生，避免饲养密度过大、寒冷潮湿、氨气刺激等不良条件，消除发病诱因。保证饲料中有足够的维生素，鸡舍要通风良好，减少鸡舍环境中有害气体的含量，冬天气候寒冷时要注意防寒保温。在育雏期间防止其他疫病侵入造成混合感染，接种疫苗时避免气雾免疫，以防刺激呼吸道。用疫苗免疫前后，可在水中加入维生素、电解质添加剂，以缓解应激。

95. 如何防治鸡传染性鼻炎？

由副鸡嗜血杆菌引起的鸡的一种急性呼吸道传染病，特征是鼻腔和鼻窦发炎，打喷嚏，流鼻液，颜面肿胀，结膜炎等。本病可在育成鸡群和蛋鸡群中发生，病鸡生长停滞，淘汰率增加，蛋鸡产蛋量显著下降，给养鸡业带来较大危害。

（1）流行病学特点　本病发生的特点是潜伏期短，传播迅速，短时间内便可波及全群。鸡场一旦发生本病，往往污染全场，致使其他鸡舍适龄鸡只相继发病，几乎无一幸免。

可感染各种年龄的鸡，随着鸡只日龄的增加易感性增强。自然条件下以育成鸡和成年鸡多发，产蛋鸡更多发。一年四季均可发生，但以寒冷季节多发。此病单独发生，其病程 3～4 周，发病高峰时很少死鸡，但在流行后期鸡群开始好转，产蛋量逐渐回升时，常常继发其他细菌性疾病，使病程延长，死亡增多。发病率高，但鸡只的死亡与饲养管理是否得当，治疗是否及时和有无其他细菌性疾病继发有直接关系。

病鸡和带菌鸡是本病的主要传染来源。传播方式以飞沫、尘埃经呼吸道传染为主，其次可通过污染的饮水、饲料经消化道传播。鸡传染性鼻炎的发生与环境因素有很大关系，凡是能使机体抵抗力下降的因素均可成为发病诱因，如鸡群密度过大、通风不良、气候突变等。

（2）临床症状　病鸡精神委顿，垂头缩颈，食欲明显降低。最初看到自鼻孔流出水样汁液，继而转为浆性黏性分泌物，鸡只有时甩头，打喷嚏。眼结膜发炎，眼睑肿胀，有的流泪。一侧或两则颜面肿胀。部分病鸡可见下颌部或肉髯水肿。育成鸡表现为生长不良。

产蛋鸡产蛋量明显下降。处在产蛋高峰期的鸡群产蛋呈大幅度下降，特别是肉种鸡几乎绝产。老龄蛋鸡发病，产蛋量下降幅度较小。

一般情况下，病鸡死亡较少，流行后期鸡群中常有死鸡出现，多数为瘦弱鸡只，或其他细菌性疾病继发感染所致，没有明显的死亡高峰。

（3）病理变化特点　主要病理变化为鼻腔和眶下窦的急性卡他性炎症，黏膜充血、肿胀，表面覆有浆液黏液性分泌物。眼结膜充血、肿胀。部分鸡可见下颌及肉髯皮下水肿。内脏器官一般不见明显变化。流行后期死亡鸡只多见慢性呼吸道疾病、大肠杆菌病或鸡白痢的病理变化。

（4）防治　本病发生常由于外界不良因素而诱发，平时养鸡场在饲养管理方面应注意以下几个方面：①鸡舍内氨气含量过大是发生本病的重要因素。特别是高代次的种鸡群，鸡群数量少，密度小，寒冷季节舍内温度低，为了保温，门窗关得太严，造成通风不良。应安装供暖设备和自动控制通风装置，可明显降低鸡舍内氨气的浓度。②寒冷季节气候干燥，舍内空气污浊，尘土飞扬。应通过带鸡消毒降落空气中的粉尘，净化空气，对防治本病起到了积极作用。③饲料、饮水是造成本病传播的重要途径。加强饮水用具的清洗消毒和饮用水的消毒是防病的经常性措施。④人员流动是病原重要的机械携带者和传播者，鸡场工作人员应严格执行更衣、洗澡、换鞋等防疫制度。因工作需要而必须多个人员入舍时，当工作结束后立即进行带鸡消毒。⑤鸡舍尤其是病鸡舍是个大污染场所，因此必须十分注意鸡舍的清洗和消毒。对周转后的空闲鸡舍应严格执行一清：即彻底清除鸡舍内粪便和其他污物；二冲：清扫后的鸡舍用高压自来水彻底冲洗；三烧：冲洗后晾干的鸡舍用火焰消毒器喷烧鸡舍地面、底网、隔网、墙壁及残留杂物；四喷：火焰消毒后再用2%火碱溶液或0.3%过氧乙酸，或2%次氯酸钠喷洒消毒；五熏蒸：完成上述四项工作后，用福尔马林按每立方米42毫升，对鸡舍进行熏蒸消毒，鸡舍密闭24～48小时，然后闲置2周。进鸡前采用同样方法再熏蒸一次。

免疫接种。鸡传染性鼻炎油佐剂灭活苗，在鸡只25～30日龄时进行首免，120日龄左右进行第二次免疫，可保护整个产蛋期。鸡群发病后，最好通过血清学方法分离鉴定细菌，确定本地区鸡副嗜血杆菌的流行菌型，从而选择相应的血清型疫苗，不赞成直接使用多价苗。注射途径所引起的免疫反应强度不同，皮下和肌内注射两种途径都有效，经腿部肌内注射提供的保护较经胸部注射的效果好。

多种抗生素均有良好的治疗效果。可用0.4%红霉素饮水或饲料中添加0.2%强力霉素，连用5天。在治疗本病过程中，还应兼顾预防其他细菌性疾病的继发感染。同时可用0.3%过氧乙酸进行带鸡消毒，对促进治疗有一定效果。

选择敏感的药物，防止耐药性。用药时最好选择2～3种有效药物联合应用。由于本病主要通过病鸡排毒污染饮水进行传播，通常药物饮水既可杀菌又可治疗。

保证用药的剂量和时间，不得中途停药。

药物与疫苗联合应用，防止疾病反复，对于体况尚且良好或发病鸡数尚少的鸡群在用药的同时可注射相应的灭活疫苗，这样在治疗结束后可产生较强的免疫力。

96. 如何防治鸡葡萄球菌病？

致病性葡萄球菌侵害家禽、哺乳动物和人而发生的一种急性或慢性细菌性疾病，其临床表现有多种类型，如败血症、腱鞘炎、关节炎、创伤感染、脐炎和细菌性心内膜炎等。雏鸡和中雏发病死亡率较高，是养鸡业中危害严重的疾病之一。

（1）流行病学特点　金黄色葡萄球菌可侵害各种家禽，任何年龄的鸡及鸡胚都可感染。4～6周龄雏鸡极易感，实际上更多发于在40～60日龄中雏。动物对葡萄球菌的易感性，与表皮或黏膜创伤的有无、机体抵抗力的强弱、葡萄球菌污染的程度，以及动物所处的环境有密切关系。

金黄色葡萄球菌广泛分布于土壤、空气、水、饲料、物体表面以及鸡的羽毛、皮肤、黏膜、肠道和粪便中。主要传染途径是皮肤和黏膜的创伤，也可能直接接触和经空气传播，雏鸡通过脐带途径感染。季节和品种对本病的发生无明显影响，平养和笼养都有发生，但以笼养为多。

（2）临床症状　其临床表现有多种类型，主要有：

急性败血型葡萄球菌病。病鸡出现全身症状，精神不振或沉郁，常呆立一处或蹲伏，两翅下垂，缩颈，眼半闭呈嗜睡状。羽毛蓬松零乱，无光泽。病鸡食欲减退或废绝。少部分病鸡下痢，排出灰白色或黄绿色稀粪。较为特征的症状是，捉住病鸡检查时，可见胸腹部，甚至波及嗉囊周围，大腿内侧皮下浮肿，潴留数量不等的血样渗出液体，外观呈紫色或紫褐色，有波动感，局部羽毛脱落，或用手一摸即可脱掉，其中有的病鸡可见自然破溃，流出茶色或紫红色液体，与周围羽毛粘连，局部污秽。有部分病鸡在头颈、翅膀背侧及腹面、翅尖、尾、脸、背及腿等不同部位的皮肤出现大小不等的出血、炎性坏死，局部干燥结痂，暗紫色，无毛。早期病例，局部皮下湿润，暗紫红色，溶血，糜烂。多发生于中雏，病鸡在2～5天死亡，快者1～2天呈急性死亡。

关节炎型葡萄球菌病。可见到关节炎症状，多个关节炎性肿胀，趾、跖关节肿大特别多见，呈紫红或紫黑色，有的见破溃，并结成污黑色痂。有的出现趾瘤，脚底肿大；有的趾尖发生坏死，黑紫色，较干涩。有的病鸡趾端坏疽，干脱。发生关节炎的病鸡表现跛行，不喜站立和走动，多伏卧，一般仍有食欲，多因采食困难，饥饱不匀，逐渐消瘦，最后衰弱死亡，在大群饲养时尤为明显。此型病程多为10余天。

脐炎型葡萄球菌病。由于某些原因，鸡胚及新出壳的雏鸡脐环闭合不全，葡萄球菌感染可引起脐炎。可见病鸡腹部膨大，脐孔发炎肿大，局部呈黄红紫黑色，质稍硬，间有分泌物。脐炎病鸡可在出壳后2～5天死亡。其他一些细菌感染也可以引起雏鸡脐炎。

眼型葡萄球菌病。在败血型发生后期出现，也可单独出现。临诊表现为上下眼睑肿胀，闭眼，有脓性分泌物粘闭，用手掰开时，则见眼结膜红肿，眼内有多量分泌物，并见有肉芽肿。时间较久者，眼球下陷，可致失明。有的眶下窦肿突。病鸡多因饥饿、被踩踏、衰竭死亡。

肺型葡萄球菌病。主要表现为全身症状及呼吸障碍。

（3）病理变化特点

急性败血型葡萄球菌病。特征的肉眼变化是胸部的病变，可见死鸡胸部、前腹部羽毛稀少或脱毛，皮肤呈紫黑色浮肿，有的自然破溃则局部玷污。剪开皮肤可见整个胸、腹部皮下充血、溶血，呈弥漫性紫红色或黑红色，积有大量胶冻样粉红色或黄红色水肿液，水肿可延至两腿内侧、后腹部，前达嗉囊周围，但以胸部为多。同时，胸腹部甚至腿内侧见有散在出血斑点或条纹，特别是胸骨柄处肌肉弥散性出血斑或出血条纹为重，病程久者还可见轻度坏死。肝脏肿大，淡紫红色，有花纹或驳斑样变化，小叶明显。在病程稍长的病例，肝上还可见数量不等的白色坏死点。脾亦见肿大，紫红色，病程稍长者也有白色坏死点。腹腔脂肪、肌胃浆膜等处，有时可见紫红色水肿或出血。心包积液，呈黄红色半透明。心冠状沟脂肪及心外膜偶见出血。有的病例还见肠炎变化。在发病过程中，也有极少数病例，无明显眼观病变，但可分离出病原。

关节炎型葡萄球菌病。可见关节炎和滑膜炎。某些关节肿大，滑膜增厚，充血或出血，关节囊内有或多或少的浆液，或有浆性纤维素渗出物。病程较长的慢性病例，后变成干酪样性坏死，甚至关节周围结缔组织增生及畸形。胸部囊肿，内有脓性或干酪样的物质。

脐炎型葡萄球菌病。幼雏以脐炎为主的病例，可见脐部肿大，紫红或紫黑色，有暗红色或黄红色液体，时间稍久则为脓样干涸坏死物。肝有出血点。卵黄吸收不良，呈黄红或黑灰色，液体状或内混絮状物。

肺型葡萄球菌病。以瘀血、水肿和肺实变为特征。有时可见到黑紫色坏疽样病变。

（4）诊断　根据发病的流行病学特点，各型临诊症状及病理变化的特征，可以在现场作出初步诊断。

实验室的细菌学检查是确诊本病的主要方法。在病原分离过程中，除能分离到纯一的金黄色葡萄球菌外，有时部分病例还能从病料中同时分离到埃希氏大肠杆菌、普通变形杆菌和粪链球菌等。

（5）防治　葡萄球菌病是一种环境性疾病，为预防本病的发生，主要是做好经常性的预防工作。

在鸡饲养过程中，尽量避免和消除使鸡发生外伤的诸多因素，如笼架结构要规范化，装备要配套、整齐，自己编造的笼网等要细致。做好皮肤外伤的消毒处理。

定期对鸡舍、工具、用具、种蛋、孵化器、场地进行消毒，保持鸡舍、用具及周围环境的清洁卫生，防止病菌污染，降低胚胎和雏鸡感染率。鸡舍环境和带鸡消毒可用 0.3%过氧乙酸喷雾，种蛋和孵化用具可用福尔马林熏蒸消毒。

一旦鸡群发病，要立即全群给药治疗。选择高敏药物防治。治疗该病可选择的药物很多，如红霉素、青霉素、氧氟沙星、庆大霉素、卡那霉素、多黏菌素等。由于金黄色葡萄球菌的耐药菌株日趋增加，在使用药物之前须经药敏试验，选择最敏感的药物全群防治，同时还应注意定期轮换用药，以获得最佳疗效。另外，发生该病后以内服（如混饮和混饲）给药方式为好。

乳糖酸红霉素，混饮可按每升浓度 100 毫克，连用 3～5 日；混饲可按每千克饲料 100～200 毫克，连用 3～5 日。

氨苄青霉素或氧氟沙星＋电解多维。氧氟沙星可溶性粉每 200 升水 100 毫升，混饮，每日 1 次，连用 3～5 日；或氨苄青霉素可溶性粉每 100 升水 100 毫升，混饮，每日 1 次，连用 3～5 日。同时，加饮电解多维，用量为每 100 升水 50 毫升。

硫酸庆大霉素＋麦迪霉素。严重病例，可肌内注射硫酸庆大霉素，前 2 日每千克体重 6 000～12 000 单位，后 2 日每千克体重 3 000～8 000 单位，每天 2 次，4 日为一疗程；同时用麦迪霉素拌料，每 3.5 千克饲料 400 毫克，隔日一次，连用 5 日。

97. 如何防治弧菌性肝炎？

鸡弧菌性肝炎又称鸡弯曲杆菌病，由空肠弯曲杆菌引起的细菌性传染病，以肝脏肿大、充血、坏死为特征。

自然流行仅见于鸡，多见于开产前后的鸡，一般为散发。饲养管理不善、应激反应、鸡患球虫病、大肠杆菌病、支原体病、鸡痘等是本病发生的诱因。

本病无特征性症状。发病较慢，病程较长，病鸡精神不振，进行性消瘦，鸡冠萎缩苍白。

病变特征。病鸡体瘦、发育不良，病死鸡血液凝固不全。大约 10%的病鸡肝脏有特征性的局灶性坏死：肝实质内散在黄色三角形、星形小坏死灶，或布满菜花状大坏死区。有时在肝被膜下还可见到大小、形态不一的出血区。

加强饲养管理，严格卫生消毒，减少各种应激因素，做好球虫病防治工作。

治疗时可选用强力霉素、庆大霉素、环丙沙星、蒽诺沙星等药物，为防止复发，用药疗程可延至 8～10 天。

98. 如何防治鸡球虫病？

鸡球虫病是艾美耳属的球虫感染幼龄鸡而引起的已一种寄生虫病，是鸡常见且危害十分严重的寄生虫病，造成的经济损失是惊人的。雏鸡的发病率和致死率均较高。病愈的雏鸡生长受阻，增重缓慢。成年鸡多为带虫者，但增重和产蛋能力降低。

（1）流行病学特点　各个品种的鸡均有易感性，15～50 日龄鸡发病率和致死率都较高，成年鸡有一定的抵抗力。病鸡是主要传染源，凡被带虫鸡污染过的饲料、饮水、土壤和用具等，都有球虫虫卵存在。人及其衣服、用具等以及某些昆虫都可机械传播。球虫虫卵在适宜环境中（潮湿、温暖）会发育为感染性卵囊。感染途径是消化道，鸡吃了感染性卵囊而发生感染。

饲养管理条件不良，鸡舍潮湿、拥挤，卫生条件恶劣时，最易发病。在潮湿多雨、气温较高的梅雨季节易暴发球虫病。

球虫虫卵的抵抗力较强，在土壤中可保持活力达 4～9 个月，在有树荫的地方保持活力达 15～18 个月。卵囊对高温和干燥的抵抗力较弱。当相对湿度为 21％～33％时，柔嫩艾美耳球虫的卵囊，在 18～40℃温度下，经 1～5 日就死亡。在外界环境中一般消毒剂不易杀死球虫虫卵。

（2）临床症状特征　病鸡精神沉郁，缩颈闭眼，羽毛蓬松，食欲减退，嗉囊内充满液体，鸡冠和可视黏膜苍白，逐渐消瘦。病鸡常排红色粪便。若感染柔嫩艾美耳球虫，开始时粪便为咖啡色，以后变为完全的血粪。若多种球虫混合感染，粪便中带血液，并含有脱落的肠黏膜。若不及时采取治疗措施，致死率可达 50％以上。

（3）病理变化特征　病变主要发生在肠道，病变部位和病变程度与致病球虫的种类有关。

柔嫩艾美耳球虫，侵害盲肠，两支盲肠显著肿大，可为正常的 3～5 倍，肠腔中充满凝固的或新鲜的暗红色血液，盲肠上皮变厚，有的发生严重糜烂。

哈氏艾美耳球虫，侵害小肠前段，肠壁出现大头针针头大小的出血点，黏膜有严重出血。

毒害艾美耳球虫，侵害小肠中段，肠壁扩张、增厚，有严重坏死。在裂殖体繁殖的部位，有明显的淡白色斑点，黏膜上有许多小出血点。肠管中有凝固的血液或有胡萝卜色胶冻状的内容物。

巨型艾美耳球虫，侵害小肠中段，可使肠管扩张，肠壁增厚，内容物黏稠，呈淡灰色、淡褐色或淡红色。

堆型艾美耳球虫，多在上皮表层发育，同一发育阶段的虫体常聚集在一起，在被损害的肠段出现大量淡白色斑点。

若多种球虫混合感染，则肠管粗大，肠黏膜上有大量出血点，肠管中有大量带有脱落的肠上皮细胞的紫黑色血液。

（4）诊断　生前用饱和盐水漂浮法或粪便涂片查到球虫卵囊，或死后取肠黏膜触片或刮取肠黏膜涂片查到裂殖体、裂殖子或配子体，均可确诊为球虫感染。但由于鸡的带虫现象极为普遍，因此，是不是由球虫引起的发病和死亡，应根据临诊症状、流行病学资料、剖检情况和病原检查结果进行综合判断。

（5）防治　成鸡与雏鸡分开喂养，以免带虫的成年鸡散播病原而侵袭雏鸡。

保持鸡舍干燥、通风和鸡场卫生，定期清除粪便，堆放发酵以杀灭卵囊。保持饲料、饮水清洁，笼具、料槽、水槽定期消毒。用球杀灵和0.5%农乐溶液消毒鸡舍地面及运动场，对球虫卵囊有强大杀灭作用。日粮中补充足够的维生素K和给予3倍推荐量的维生素A可加速鸡球虫病的康复。

应用鸡胚传代致弱的虫株或早熟选育的致弱虫株给雏鸡免疫接种，可使鸡对球虫病产生较好的预防效果。

我国养鸡生产上使用的抗球虫药品种，包括进口的和国产的，共有几十种。

聚醚类药物，其分子结构具有一个有机酸基团和多个醚基团，在溶液中带负电荷，与钠、钾、钙、镁等在虫体内起重要作用的阳离子结合成脂溶性络合物，协助阳离子进入虫体内，破坏细胞内外的正常离子平衡，使细胞内外形成渗透压差，大量水分进入，最后导致虫体细胞破裂死亡。自1971年美国批准莫能菌素作为抗球虫剂以来，先后开发应用了莫能菌素、盐霉素、拉沙里霉素、马杜拉霉素、海南霉素等。由于聚醚类抗生素具有很广的抗球虫谱，对鸡的6种球虫都有活性，没有严重的耐药性问题。

地克珠利，属苯腈类、新型广谱抗球虫药，对各种球虫具有极佳的杀灭作用。地克珠利用量少、疗效好、抗虫谱广、毒性极低、安全性高、性能稳定，在饲料加工、制粒等过程中药效均不受影响，可以长期添加于饲料中，在动物屠宰前也无需停药，不会抑制畜禽的生长发育。

尼卡巴嗪，主要作用于第二代裂殖体，对球虫生活史的其他阶段无效。对球虫的活性峰期在感染后第4天，感染后48小时用药能完全抑制球虫发育；若在感染后72小时给药，则效果降低。该药具有高效、广谱、不易产生耐药性，不影响鸡对球虫产生免疫力的特点，且对鸡有促进生长作用，并常被用在轮换用药、穿梭用药或联合用药中。

治疗球虫病的时间越早越好，因为球虫的危害主要是在裂殖生殖阶段，若不晚于感染后96小时，则可降低雏鸡死亡率。治疗时，药物选择往往比较盲目，加之球虫发病时，球虫繁殖处于哪个阶段不宜判断，因此在选择药物时要选择抗球虫谱比较广，针对于球虫繁殖周期比较广的药物，还可以采用联合用药。

预防用药可采用连续用药法、轮换法、穿梭用药。连续用药法用于短期饲养的肉用仔鸡，从7天至上市前5天连续用药，以完全抑制球虫卵囊的形成，缺点是用药多，成本高。轮换法，每2～3个月更换一种球虫药，抗药性产生较慢，抗球虫药使用寿命长。穿梭法，如小鸡前期用化学合成药，后期用聚醚类药。

预防用药还要注意，小鸡阶段宜选用高效且不影响抗球虫免疫力建立的药物。中鸡阶段宜选用对盲肠球虫病有特效的药物。大鸡阶段宜选用对小肠球虫病有特效的药物。

99. 如何防治肉鸡腹水综合征？

又称肉鸡肺动脉高压综合征，是一种由多种致病因子共同作用引起的、以右心肥大扩张和腹腔内积聚大量浆液性淡黄色液体为特征，伴有明显的心、肺、肝等内脏器官病理性损伤的非传染性疾病。

（1）致病因素　主要有：①缺氧。高海拔地区饲养和人为造成低气压缺氧引起的组织胺增加，导致右心扩张衰竭。②营养因素。高能量的日粮使发育中的肉鸡生长过快，机体对氧的需求量增加。据研究，在高海拔地区喂高能量日粮（12.97兆焦/千克）的0～7周龄鸡腹水综合征发病率比喂低能日粮（11.92兆焦/千克）的鸡高4倍。同时硒、维生素E、磷的缺乏，日粮饮水中盐过多，也会增加发病率。饲料的性状也有关，同样能量水平的日粮，粉料喂鸡腹水综合征发生比颗粒料低4%～15%。③鸡舍内CO、二氧化碳、氨气的浓度增加，天气寒冷，肉鸡代谢增高，耗氧量增多。④遗传因素。主要与鸡的品种有关。一般外来肉鸡品种比本地鸡品种发病率高。人们为了提高鸡肉产量，选育了生长速度极快肉仔鸡，但其生长速度与生理功能不适应，相对于体重而言，这些鸡肺容积较小，尤其是4周龄内快速生长期，能量代谢增强，机体发育快于心脏和肺的发育。⑤某些细菌如大肠杆菌感染，饲料中霉菌毒物。一些药物过量使用，也可使腹水综合征发病率上升。

（2）症状　病鸡表现为喜卧，不愿走动，精神委顿，羽毛蓬乱，腹部膨大，触之松软有波动感，腹部皮肤变薄发亮，羽毛脱落。捕捉时易抽搐死亡，个别鸡只会出现腹泻不止，粪便呈水样。严重病鸡的冠和肉髯发绀，缩颈，呼吸困难。发病3～5天后开始零星死亡。

发病日龄为2～7周龄，发育良好、生长速度快的肉鸡多发。死亡率5%～9%，公鸡发病率占整个鸡群发病率的50%～70%。

（3）病理变化特征　肉鸡腹部膨隆，触摸有波动感，腹部皮肤变薄发亮，严重的发红。剖开腹部，从腹腔中流出多量淡黄色或清亮透明的液体，有的混有纤维素沉积物；心脏肿大、变形、柔软，尤其右心房扩张显著。右心肌变薄，心肌色淡并带有白色条纹，心腔积有大量凝血块，肺动脉和主动脉极度扩张，管腔内充满血液。部分鸡心包积有淡黄色液体；肝脏肿大或萎缩、质硬，瘀血、出血，胆囊肿大，突出肝表面，内充满胆汁；肺瘀血、水肿，呈花斑状，质地稍坚韧，间质有灰白色条纹，切面流出多量带有小气泡的血样液体；脾呈暗红色，切面脾小体结构不清；肾稍肿，瘀血、出血。脑膜血管怒张、充血；胃稍肿，瘀血、出血；肠系膜及浆膜充血，肠黏膜有少量出血，肠壁水肿增厚。

（4）防治　肉鸡腹水综合征的发生是多种因素共同作用引发的，必须从卫生、饲料、饲养管理、减少应激和疾病等方面着手，采取综合性防治措施。

预防：选育抗缺氧及心、肺和肝等脏器发育良好的肉鸡品种。

加强鸡舍的环境管理，保持舍内空气新鲜，氧气充足，减少有害气体，合理控制光照。保持舍内湿度适中，及时清除舍内粪污，减少饲养管理过程中的人为应激，给鸡提供一个舒适的生长环境。

适当降低日粮粗蛋白与能量水平。控制日粮中油脂含量，6周龄前应保持在1%，7周龄至出笼不超过2%。早期进行合理限饲，适当控制肉鸡的生长速度，以限制1～30日龄的肉鸡每日采食量的10%～20%为度，限食5～19天后恢复正常，这样不但能防病，还能提高饲料的利用率。可用粉料代替颗粒料或饲养前期用粉料，初期饲料以粉状为好，4周龄后才喂给颗粒饲料。不喂发霉变质饲料。

饲料中磷水平不可过低（>0.05%），食盐的含量不要超过0.5%，Na^+水平应控制在2 000毫克/千克以下，饮水中Na^+含量宜在1 200毫克/升以下，否则易引起腹水综合征。在日粮中适量添加$NaHCO_3$代替NaCl。

饲料中维生素 E 和 Se 的含量要满足营养标准，可在饲料中按 0.5 克/千克的比例添加维生素 C，以提高鸡的抗病、抗应激能力。

要合理用药，对心、肺、肝等脏器有毒副作用的药物应慎用，或在专业技术人员的指导下应用。

治疗：一旦病鸡出现临床症状，单纯治疗常常难以奏效。但以下措施有助于减少死亡和损失。

用 12 号针头刺入病鸡腹腔先抽出腹水，然后注入青霉素、链霉素各 2 万单位，经 2～4 次治疗后，可使部分病鸡恢复基础代谢，维持生命。

发现病鸡，首先给鸡服用大黄苏打片，20 日龄雏鸡 1 片/只/日，其他日龄的鸡酌情处理以清除胃肠道内容物；然后喂服维生素 C 和某些抗生素，对症治疗和预防继发感染。

给病鸡皮下注射 1 次或 2 次 1 克/升亚硒酸钠 0.1 毫升，或服用利尿剂。

应用脲酶抑制剂，用量为 125 毫克/千克饲料，使用 5～10 日，可降低死亡率。

100. 如何防治肉鸡猝死综合征？

肉鸡猝死综合征又称暴死症、急性死亡综合征，常发生于生长特快、体况良好的 2 周龄至出栏的肉鸡，特点是发病急、死亡快。

改善饲养环境，保持鸡舍清洁卫生，注意通风换气，养殖密度适当，保持鸡群安静，尽量减少噪声及应激，注意光照时间。科学调配日粮，注意各种营养成分平衡，生长前期给予充足的生物素、核黄素等 B 族维生素以及维生素 A、维生素 D、维生素 E 等。适当控制前期生长速度，尽量不用能量太高的饲料，1 月龄前不添加动物油脂，尽量少喂颗粒料。雏鸡在 10～21 日龄时，每只鸡用碳酸氢钾按0.5克饮水或拌料进行预防，效果很好。

（1）流行病学特点　在2～3周龄的商品代肉雏鸡中比较常见，最多发于10多日龄的商品代肉雏鸡群中，最早在3日龄发病，最迟在35日龄左右发病，超过3周龄就很少发病。多发于外观健壮、个体最大、肌肉最丰满的鸡只。死亡肉雏鸡的体重显著超过同群鸡的平均体重。一年四季均可发生。肉用种雏鸡在幼龄时发病率很低，但在开产后发病率比较高。

（2）病因　迄今为止，引起该病的根本病因还没有明确。肉用仔鸡生长速度快，而自身的一些系统，如心血管系统、呼吸系统、消化系统等发育尚不完善，其功能跟不上其发育速度。肉鸡采食量大，超量营养摄入体内造成营养过剩，呼吸加快，心脏负担加重，需氧量增加，严重造成快速生长与系统功能不完善的巨大矛盾，而诱发猝死。

下列一些方面可能是诱发因素。

饲养密度过大，环境卫生差。饲养密度是夏季和冬季发生猝死综合征的诱因，养殖户为了利用空间，减少为提高舍温的费用成本，采取集中加温，以至于2～3周龄的密度达到40只/米^2。处于相对拥挤，通风不良，舍内二氧化碳、一氧化碳、氨气、硫化氢等有害气体严重超标，这些有害因素可诱发本病。

光照时间过长。多数养殖户采用24小时全日制光照，光照强度过强，平均每平方米超过60瓦，强烈刺激肉雏鸡的神经系统，引起神经系统紊乱，破坏机体正常的生理机能，使肉雏鸡处于长久性疲劳，可能诱发肉鸡猝死综合征。

饲料配比不科学。与日粮能量的高低、日粮中的蛋白质、脂肪、维生素、氯化胆碱等配比有关。养殖户为了提高肉雏鸡的生长速度，在用配合饲料的的基础上又加入高蛋白饲料原料，如鱼粉、豆饼、蚕蛹等，使饲料中蛋白质含量高达25%左右，比正常需求高出5%左右，从而造成各项比例不合理，能量和蛋白质的比例严重失调，不符合肉雏鸡快速生长的生理需求，特别是

2～3 周龄的肉雏鸡由于自由采食和食量不限，生长快、个体大的肉雏鸡最为突出，出现生长迅速与自身的各系统功能不完善的矛盾。另外饲料形态的大小也会影响本病发生，饲喂颗粒样料的肉雏鸡群发病高于饲喂粉料形态的肉雏鸡群。

各种应激因素。饲养员突然变换工作进入鸡舍，色彩特别鲜艳，会使肉雏鸡惊叫、狂飞、肌肉痉挛、扑打翅膀、翻跟头。饲喂次数、异常惊吓使心跳加快、供血不足，心力衰竭而死。突然转换环境、拥挤、高热也能促使本病发生。

其他因素。遗传品种及一些不明原因也可能引发本病。

（3）临床症状特征　发病前无明显征兆，采食、饮水、运动、呼吸等均正常。常表现突然失控尖叫，前后跌倒，双翅剧烈扇动，继而颈腿伸直，背部着地，发生突然死亡，从发病至死亡约 1 分钟。

（4）病理变化特征　死后剖检，主要见到颈部皮下严重瘀血；肌肉组织苍白，胸肌苍白；心脏扩张，特别是右心房较明显，心脏积血，心包液增多，个别的心冠脂肪有少量出血点；嗉囊、肌胃、肠道内容物充盈；肺肿大呈暗红色，瘀血严重；肝肿大呈紫色并伴有白色条纹，脾肿大，肛门外翻；肾瘀血和出血；胸腺瘀血。

（5）诊断　依据流行特点、临床症状和病理变化特征，可初步诊断为本病。

（6）综合防治　根据发病诱因分析提出相应的对策。主要注意：①提供舒适饲养环境，通风良好，冬季保温，密度适宜。②给予适度的光照，2～3 周龄肉雏鸡光照时间应以 16 小时为宜，以后适当降低。③营养全面，合理搭配，科学配方。提供优质的饲料原料，粗蛋白一般以 20%为宜，维生素含量合理，维生素 A、维生素 D、B 族维生素可降低本病的发生。饲料中添加植物油，也可降低本病发生。1 月龄前不添加动物油脂。④添加某化学物质进行预防，饲料中添加碳酸氢钠或氯化钾可降低肉鸡猝死综合征的死亡率，在 10～21 日龄的肉雏鸡饲料中可添加 0.3%～0.4%的碳酸氢钠拌料 10 天，或加 0.5%碳酸氢钠和 0.3%氯化钾饮水。⑤减少各种应激因素，避免各种不利因素刺激鸡群。⑥用半颗粒半粉状饲料，较为合理。⑦适当控制前期生长速度。

图书在版编目（CIP）数据

肉鸡健康养殖技术100问/程太平，李鹏，王家乡编著.—北京：中国农业出版社，2015.8（2017.3重印）
（新农村建设百问系列丛书）
ISBN 978-7-109-20815-5

Ⅰ.①肉… Ⅱ.①程…②李…③王… Ⅲ.①肉鸡—饲养管理—问题解答 Ⅳ.①S831.4-44

中国版本图书馆CIP数据核字（2015）第191963号

中国农业出版社出版
（北京市朝阳区麦子店街18号楼）
（邮政编码100125）
责任编辑 肖 邦

中国农业出版社印刷厂印刷 新华书店北京发行所发行
2015年8月第1版 2017年3月北京第3次印刷

开本：850mm×1168mm 1/32 印张：6
字数：142千字
定价：22.00元